高等职业教育课程改革系列教材·计算机专业

网络组建与管理

主 编 王 超 王 磊
主 审 生桂勇
副主编 刘 昕 左 浩

扫码加入读者圈
轻松解决重难点

南京大学出版社

图书在版编目(CIP)数据

网络组建与管理 / 王超,王磊主编. —南京:南
京大学出版社,2024.1
ISBN 978 - 7 - 305 - 27432 - 9

Ⅰ. ①网… Ⅱ. ①王… ②王… Ⅲ. ①计算机网络
Ⅳ. ①TP393

中国国家版本馆 CIP 数据核字(2023)第 233365 号

出版发行 南京大学出版社
社 址 南京市汉口路 22 号 邮 编 210093
书 名 **网络组建与管理**
WANGLUO ZUJIAN YU GUANLI
主 编 王 超 王 磊
责任编辑 吴 华 编辑热线 025 - 83596997
照 排 南京开卷文化传媒有限公司
印 刷 南京人文印务有限公司
开 本 787 mm×1092 mm 1/16 印张 13.5 字数 320 千
版 次 2024 年 1 月第 1 版 2024 年 1 月第 1 次印刷
ISBN 978 - 7 - 305 - 27432 - 9

定 价 36.00 元
网 址:http://www.njupco.com
官方微博:http://weibo.com/njupco
微信公众号:njupress
销售咨询热线:(025)83594756

扫码可免费申请教学资源

　　党的二十大报告指出，要加快建设网络强国、数字中国。习近平总书记深刻指出，加快数字中国建设，就是要适应我国发展新的历史方位，全面贯彻新发展理念，以信息化培育新动能，用新动能推动新发展，以新发展创造新辉煌。当今数字化、网络化、智能化的时代，计算机网络已经成为人们生活、工作和学习中不可或缺的重要组成部分。计算机网络的应用范围不断扩大，从传统的信息共享、数据传输等领域延伸至更为复杂和多样化的应用。为适应新时代的需求，提高国家网络安全水平和整体竞争力，掌握计算机网络基础知识和技术显得尤为重要。

　　本教材的目标是帮助读者深入理解计算机网络的基本概念、技术和应用，为未来的学习和工作奠定坚实的基础。作为计算机网络基础的入门教材，主要面向初学者，涵盖了计算机网络的基本概念、协议、拓扑结构、TCP/IP协议族、局域网技术、无线网络技术、互联网应用等方面。通过本书的学习，读者将全面了解计算机网络的基础知识，掌握常用网络设备和工具的使用方法，以及解决常见网络问题的能力。

　　在编写过程中，我们注重内容的系统性、实用性和可读性。每一章都以简明清晰的语言阐述知识点，并配以大量图表和实例，以便读者更好地理解和掌握所学知识。此外，我们还提供了相应的习题和实验，供读者巩固知识并进行实际操作。本教材具有以下特点：

　　1. 教材编排中充分融入课程思政理念，实现育人、育才并行。在应用场景案例和数字资源的设计与制作中有机融合了安全、责任、担当、工匠精神等思政元素。

2. 教材内容选取合理,紧跟行业发展趋势,具有一定的先进性与前瞻性,如云计算、物联网等先进技术的简介;将教材实训部分的网络设备更换为华为设备;将操作系统版本和软件版本分别升级到 Windows 10 和 Windows Server 2019。

3. 教材结构采取"问题引入—知识讲解—知识应用"的方式,充分体现启发式教学、探究式教学和案例教学的思想。问题的提出不仅可以让学生带着疑问去学习和思考,让学生的学习从被动变为主动,激发其学习兴趣。书中每个问题都充分联系实际,让学生清楚地知道所学知识可以运用在哪里,如何对其运用,从根本上实现学以致用。本书还以提示的方式对重点知识、常见问题、实用技巧等进行补充介绍,帮助学生加深理解、强化应用、提高实际操作能力。

4. 教材配套资源丰富,包括微课视频、习题及答案、多媒体课件、授课计划、期末考试试卷等教学辅助素材,为教师的教学过程和学生的学习过程都提供了极大的便利。

本书由王超、王磊担任主编,刘昕、左浩担任副主编,生桂勇担任主审。参与本书编写和资料整理的还有罗晶、胡沁伶老师,以及扬州森科科技有限公司高级工程师朱涛的技术支持与指导等。学习计算机网络基础是每个高职学生的必修课之一。希望通过本教材的学习,能够帮助广大学生更好地掌握计算机网络基础知识,为未来的学习和工作打下坚实的基础。由于编者水平有限,书中难免存在疏漏和不足之处,欢迎广大读者提出宝贵的意见和建议,可发邮件至513669018@qq.com.

编　者

2024 年 1 月

目　录

认识计算机网络

扫码可见本项目微课

　　万物互联时代,每个人的日常生活已经与计算机网络密不可分。尤其是在"宽带中国""互联网＋"等背景下,大数据、云计算、人工智能、数字经济、电子政务、新型智慧城市、数字乡村等给生活带来了极大的便利。人类生产生活的各个领域都已经离不开计算机网络了,并在全世界的范围内形成了一个庞大的体系,对人们的生活方式产生了重大影响。

　　本章主要讲述与计算机网络有关的基础知识,其中包括计算机网络的概念、发展及其分类方式。通过按传输范围、覆盖面积和物理结构等维度将网络进行划分。

 学习要点

- 计算机网络的基本概念
- 常见的拓扑结构
- 计算机网络的发展史
- Visio 绘制网络拓扑图

1.1 项目基础知识

1.1.1 计算机网络基本概念

一、计算机网络基本概念

　　计算机网络是指将分散在不同地点的多台计算机、终端和外部设备用通信线路互连起来,在网络操作系统、网络管理软件及网络通信协议的管理和协调下,实现资源共享(包括软件、硬件、数据等)和信息传递的计算机系统,如图 1-1 所示。

　　计算机网络主要包含连接对象、连接介质、连接的控制机制和连接的方式 4 个方面。"对象"主要是指各种类型的计算机(如大型机、微型计算机、工作站等)或其他数据终端设备;"介质"是指通信线路(如双绞线、同轴电缆、光纤、无线电波等)和通信设备(如网桥、网关、中继器、路由器等);"控制机制"主

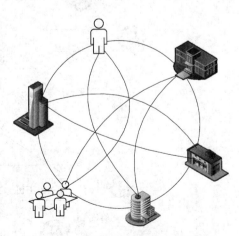

图 1-1　不同地区的人共享网络资源

要是指网络协议和各种网络软件;"连接方式"主要是指网络采用的拓扑结构(如星型、环型、总线型和网状型等)。

　　计算机网络就是把分布在不同地理区域的计算机与专门的外部设备用通信线路互联成一个规模大、功能强的系统,从而使众多的计算机可以方便地互相传递信息,共享硬件、软件、数据信息等资源。简单来说,计算机网络就是由通信线路互相连接的许多自主工作的计算机构成的集合体,如图 1-2 所示,为常见的办公网络结构图。最简单的计算机网络就只有两台计算机和连接它们的一条链路,即两个节点和一条链路。

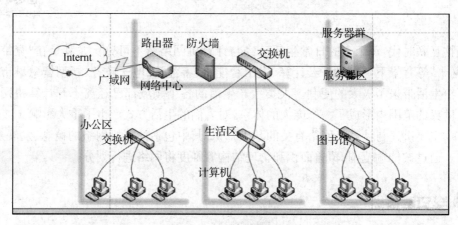

图 1-2　办公网络结构

二、计算机网络的组成

　　计算机网络由计算机系统、网络节点、通信链路、通信子网和资源子网组成。计算机系统进行各种数据的处理,网络节点和通信链路提供通信功能,如图 1-3 所示。从逻辑功能上可以分为通信子网和资源子网两大部分。

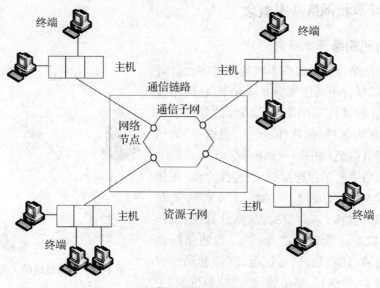

图 1-3　计算机网络一般组成示意图

1. 计算机系统

计算机网络中的计算机系统主要承担数据处理工作。计算机网络中承载的系统可以是大型机、小型机、工作站、微型机或其他终端设备。其任务是对数据进行采集、存储和处理。

2. 网络节点

网络节点主要负责网络中信息的发送、接收和转发。它是计算机和网络的接口,例如,在局域网中使用的网络适配器属于网络节点。在大型网络中,网络节点一般由一台处理机或通信控制器担当。

3. 通信子网

通信子网由通信控制处理机(Communication Control Processor,CCP)、通信线路和其他网络通信设备组成,主要承担全网的数据传输、转发、加工、转换等通信处理工作。

通信线路是网络节点间信息传输的通道,通信线路的传输介质主要有双绞线、同轴电缆、光纤、无线电波等。

4. 资源子网

资源子网主要负责全网的数据处理业务,向全网用户提供所需的网络资源和网络服务。资源子网主要由主机、终端、终端控制器、联网外部设备以及软件资源和信息资源等组成。

三、计算机网络的功能

社会及科学技术的发展为计算机网络的发展提供了更加有利的条件。计算机网络与通信网的结合,可以使众多的个人计算机不仅能够同时处理文字、数据、图像、声音等信息,还可以使这些信息被共享,及时地与全国乃至全世界的计算机进行信息交换。计算机网络的主要功能归纳起来有以下几点。

1. 数据通信

数据通信是计算机网络的最主要的功能之一。数据通信是依照一定的通信协议,利用数据传输技术在两个终端之间传递数据信息的一种通信方式和通信业务。它可实现计算机和计算机、计算机和终端以及终端与终端之间的数据信息传递,是继电报、电话业务之后的第三种最大的通信业务。

2. 资源共享

资源共享是人们建立计算机网络的主要目的之一。计算机资源包括硬件资源、软件资源和数据资源。硬件资源的共享可以提高设备的利用率,避免设备的重复投资,如利用计算机网络建立网络打印机;软件资源和数据资源的共享可以充分利用已有的信息资源,减少软件开发过程中的劳动,避免大型数据库的重复建设。

3. 均衡负荷与分布式处理

当网络中某台计算机的任务负荷太重时,可将任务分散到网络中的各台计算机上进行,或由网络中比较空闲的计算机分担负荷。这样既可以处理大型的任务,使其中一台计算机不会负担过重,又提高了计算机的可用性,起到了均衡负荷和分布式处理的作用。

4. 提高办公效率

计算机网络技术的发展和应用,已使得现代的办公手段、经营管理等发生了变化。目前,已经有了许多信息管理系统、办公自动化系统等投入使用,通过这些系统可以实现日常工作的集中管理,提高工作效率,增加经济效益。

四、计算机网络的性能指标

计算机网络的性能一般是指它的几个重要性能指标。但除了这些重要的性能指标外,还有一些非性能特征也对计算机网络的性能有很大的影响。

1. 速率

速率是指连接在计算机网络上的主机在数字信道上传送数据的速率,也称比特率或数据率。比特是计算机中数据量的单位,一个比特就是一个二进制数。1 Byte(字节)＝8 bit(比特),字节的简写为 B,比特简写为 b。

2. 带宽

带宽用来表示网络的通信线路所能传送数据的能力,因此网络带宽表示在单位时间内从网络中的某一点到另一点所能通过的"最高数据率",单位同速率也是 bps。

假如平时家里带宽为 800 M,其实是指的是 800 Mbps 或 800 Mb/s,真实速度其实要在带宽的基础上除以 8,即 800 Mbps/8＝100 M/s(当然这是完全理想状况,真实情况要以吞吐量计算)。

3. 吞吐量

单位时间内通过某个网络(或信道,接口)的数据量。吞吐量经常被用于网络的测量,以便知道实际上到底有多少数据量能够通过网络。吞吐量受网络的带宽或额定速率的限制。

4. 时延

时延表示数据从网络的一端传送到另一端的时间,由以下三部分组成:
① 发送时延。主机、路由器发送数据帧所需时间。
② 传播时延。电磁波在信道中传播一定距离所要花费的时间。
③ 处理时延。主机、路由器接收到分组后花费的处理时间。
④ 排队时延。在路由器中排队等待处理的时间。

5. 时延带宽积

发送方连续发送数据,第一个 bit 即将到达终点时,发送方已发送的数据量。时延带宽积＝传播时延×带宽。

6. 往返时间

① 双向交互一次所需的时间。
② 从发送方发送数据,至发送方收到接收方的确认,总共经历的时间。

1.1.2　计算机网络的发展

计算机是 20 世纪人类最伟大的发明之一,它的产生标志着人类开始迈向一个崭新的信息社会,新的信息产业正以强劲的势头迅速崛起。随着现代科学技术的不断发展,计算机网络技术成为发展的热门技术,是推动人类经济、科技发展的重要手段。

随着1946年世界上第一台电子计算机诞生,经过半个多世纪的发展,计算机网络的发展大致经历了四个阶段:面向终端的计算机网络、网络互连、网络标准化、Internet。

1. 面向终端的计算机网络

在计算机网络出现之前,信息的交换是通过磁盘相互传递资源的。20世纪50年代,人们开发出了一个以单个计算机为中心的远程联机系统,开创了把计算机技术和通信技术相结合的尝试,构成了计算机网络的雏形,也称为第一代计算机网络,如图1-4所示。

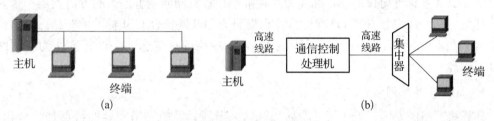

图1-4　面向终端的网络结构

面向终端的远程联机系统阶段,主要是以一台中心主计算机来连接大量的在地理上处于分散位置的终端。多点通信线路要在一条通信线路上连接多个终端,如图1-4(a)所示,多个终端可以共享同一条通信线路与主机进行通信。

集中器主要负责从终端到主机的数据集中及从主机到终端的数据分发,它可以放置于终端相对集中的位置,一端用多条低速线路与各终端相连,收集终端的数据,另一端用一条较高速的线路与主机相连,实现高速通信,以提高通信效率。

通信控制处理机也称前端处理机,其作用是负责数据的收发等通信控制和通信处理工作,让主机专门进行数据处理,以提高数据处理的效率,如图1-4(b)所示。

2. 计算机通信网络

为了提高网络的可靠性和可用性,人们开始研究将多台计算机主机相互连接起来的方法。20世纪60年代中期开始,出现了计算机主机通过通信线路互连的系统,开创了计算机—计算机通信时代,如图1-5所示。在计算机互联网络阶段,主机之间不是直接通过线路相连,而是通过接口报文处理机(Interface Message Processor, IMP)转接后再互联在一起。IMP与通信线路一起负责主机间的通信

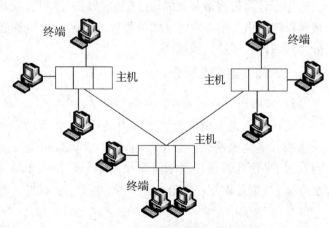

图1-5　面向计算机网络通信的模型

任务,构成"通信子网"。经由通信子网互联起来的主机负责运行程序,提供资源共享,组成"资源子网"。

3. 网络标准化阶段

20 世纪 70 年代后期,人们已经看到了计算机网络发展中出现的问题,即网络体系结构与协议标准的不统一限制了计算机网络自身的发展和应用。网络体系结构与网络协议标准必须走国际标准化的道路。

网络互连阶段是加速体系结构与协议国际标准化的研究与应用的时期。1984 年,国际标准化组织(ISO)正式制定和颁布了"开放系统互连参考模型"(OSI/RM)。

OSI/RM 及标准协议的制定和完善正在推动计算机网络朝着健康的方向发展。很多大的计算机厂商相继宣布支持 OSI 标准,并积极研究和开发符合 OSI 标准的产品。我国也于1989 年在《国家经济系统设计与应用标准化规范》中明确规定选定 OSI 标准作为我国网络建设的标准。

4. 高速计算机网络

计算机网络的发展正处于第 4 个阶段。这一阶段计算机网络发展的特点是综合化、高速化、智能化和全球化。对于用户来说,Internet 是一个庞大的远程计算机网络,用户可以利用 Internet 实现全球范围的信息传输、信息查询、电子邮件、语音与图像通信服务等功能。计算机网络已经真正进入到社会各行各业,影响着人们工作生活的各个方面。

全球以 Internet 为核心的高速计算机互联网络已经形成,Internet 已成为人类社会中最重要与最宏大的知识宝库。进入 21 世纪以来,随着宽带无线接入技术和移动终端技术的飞速发展,人们迫切希望能够随时随地乃至在移动过程中都能方便地从互联网获取信息和服务,移动互联网应运而生并迅猛发展。2014 年,4G 牌照的发放,标志着移动互联网时代的正式到来。

1.1.3 计算机网络的分类

用于计算机网络分类的标准很多,如拓扑结构、应用协议、传输介质、数据交换方式等。最能反映网络技术本质特征的分类标准是网络的覆盖范围。按网络的覆盖范围可以将网络分为局域网、广域网、城域网。

一、按覆盖范围划分

1. 局域网(Local Area Network,LAN)

局域网就是在局部地区范围内的网络,它所覆盖的地区范围较小。局域网一般位于一座或几座建筑物或一个单位内,在计算机数量配置上没有太多的限制,少的可以只有几台,多的可达几百台。网络所涉及的距离范围一般在几米至几千米以内。具有较高的传输带宽,数据传输率一般在 100 Mbps 或以上,数据传输可靠,误码率低,如表 1-1 所示。

表 1-1 不同类型的网络之间的比较

网络种类	覆盖范围	分布距离
局域网	房间	10 m
	建筑物	100 m
	校园	1 km
城域网	城市	10 km 以上
广域网	国家	100 km 以上

2. 城域网(Metropolitan Area Network，MAN)

城域网的连接距离一般在 10～100 千米内,传输距离介于局域网和广域网之间。在地理范围上可以说,城域网是局域网的延伸;在技术上,城域网通常使用与局域网相似的技术,但又属于公共性质的网络。城域网一般局限在一个都市区域之内,是一种高速率、高质量的数据通信网络,用于满足该城市对数据、语音、视频以及多媒体等应用的需求。

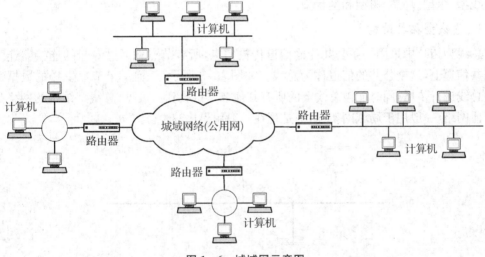

图 1-6 城域网示意图

MAN 的一个重要用途是用作骨干网,通过它将位于同一城市内不同地点的主机、数据库以及 LAN 等互相连接起来,与 WAN 的作用有相似之处,但两者在实现方法与性能上有很大差别。通常使用广域网技术和网络互联方式去构建与城域网规模相当的网络。

3. 广域网(Wide Area Network，WAN)

广域网的作用范围通常为几十千米到几千千米,覆盖面积可以跨越城市、国家甚至几个国家。广域网主要提供面向通信的服务,支持用户使用计算机进行远距离的信息交换;由电信部门或公司负责组建、管理和维护,并向全社会提供面向通信的有偿服务、流量统计和计费管理。广域网是应相距遥远的局域网互联的要求而产生的。局域网虽然带宽较高,性能稳定,但传输距离有限,无法满足两个城市或国家之间的上百千米甚至上万千米的远程传输,如图 1-7 所示。

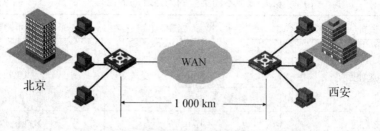

图 1-7　广域网远程传输

　　广域网一般由中间设备(路由器)和通信线路组成,信道传输速率较低,结构复杂,使用的主要是存储转发技术。作用是实现远距离计算机之间的数据传输和资源共享。

二、按拓扑结构划分

　　网络拓扑结构对网络采用的技术、网络的可靠性、网络的可维护性和网络的实施费用都有重大的影响。因此,无论对于计算机网络的技术实现(如网络通信协议的设计、传输介质的选择),还是在实际组网时网络拓扑结构都是首要考虑的因素之一。常见的网络拓扑结构有总线型、星型、环型、树型和网状型。

1. 总线型拓扑结构

　　总线型拓扑中采用一条公共传输信道传输信息,所有节点均通过专门的连接器连到这个公共信道上,这个公共的信道称为总线。如图 1-8 所示,任何一个节点发送的数据都能通过总线进行传播,同时能被总线上的所有其他节点接收到。可见,总线型结构的网络是一种广播网络,一般用于局域网架设,但是现在一般用得比较少。

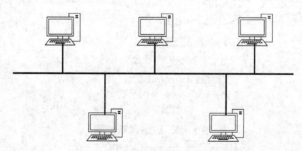

图 1-8　总线型网络拓扑图结构

　　总线型结构的优点:

　　网络结构简单灵活,可扩充性好。需要增加用户节点时,只需要在总线上增加一个分支接口即可与分支节点相连,扩充总线时使用的电缆少。有较高的可靠性,局部节点的故障不会造成全网的瘫痪。易安装,费用低。

　　总线型结构的局限性:

　　故障诊断和隔离较困难,故障检测需要在网上各个节点上进行。总线的长度有限,信号随传输距离的增加而衰减。不具有实时功能,信息发送容易产生冲突,站点从准备发送数据到成功发送数据的时间间隔是不确定的。

2. 星型拓扑结构

星型拓扑中有一个中心节点,其他各节点通过点对点线路与中心节点相连,形成辐射型结构,在物理形状上就像是星星,因此,称为星型拓扑结构,如图 1-9 所示。星型拓扑结构中各节点间不能直接通信,需要通过中心节点转发,因此,中心节点必须有较强的功能和较高的可靠性。中心节点设备一般有集线器、交换机等。星型拓扑是目前局域网主要的拓扑形式。

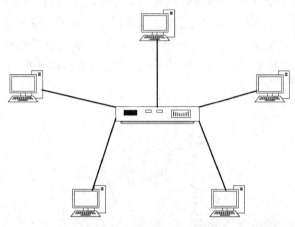

图 1-9 星型网络拓扑结构

星型结构的优点是结构简单,组网容易,控制相对简单,维护起来比较容易,受故障影响的设备少,能够较好地处理通信介质故障,只需把故障设备从网上移去就可处理故障。其缺点是集中控制,中心节点负载过重,可靠性低,通信线路利用率低。

3. 环型拓扑结构

在环型拓扑中,各节点和通信线路连接形成的一个闭合的环,如图 1-10 所示,环中的数据按照一个方向沿环逐个节点传输,或顺时针方向,或逆时针方向。发送端发出的数据,经环运行一周后,回到发送端,并由发送端将该数据从环上删除。任何一个节点发出的数据都可以被环上的其他节点所接收。

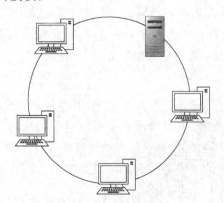

图 1-10 环型网络拓扑结构

　　环型拓扑具有结构简单、易于实现、传输时延确定和路径选择简单等优点,但环型拓扑中任何一个节点及连接节点的通信线路都有可能导致网络瘫痪。并且在这种拓扑结构中,节点的加入和去除过程也比较复杂,需要复杂的维护机制。有的网络采用具有自愈功能的双环结构,一旦一个节点不工作,自动切换到另一环工作。此时,网络需对全网进行拓扑和访问控制机制的调整,因此较为复杂。

　　4. 树型拓扑结构

　　树型拓扑结构是一种分层结构,可以看作是星型拓扑的一种扩展,适用于分级管理和控制的网络系统,如图 1-11 所示。一般适用于局域网中包含节点比较多的情况,通过增加中心节点,实现中心节点的级联。与简单的星型拓扑相比,在节点规模相当的情况下,树型拓扑中通信线路的总长度较短,从而成本低、易于推广。树型拓扑结构也是局域网中应用广泛的一种形式。

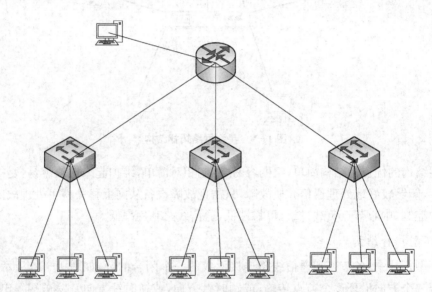

图 1-11　树型网络拓扑结构

　　树型结构的优点:与星形结构相比,树状结构的通信线路总长度较短,成本较低,节点易于扩充。其次,故障隔离容易,容易将故障分支与整个系统隔开。树型结构的缺点:第一,结构较复杂,数据在传输的过程中需要经过多条链路,时延较大。第二,各节点对根节点的依赖性大,如果根节点发生故障,则全网不能工作。

　　5. 网状结构结构

　　网状结构中各节点通过传输线相互连接起来,并且任何一个节点都至少与其他两个节点相连,节点之间的连按是任意的,每个节点都可以有多条线路与其他节点相连,这样使得节点之间存在多条可选的路径,所以网状结构的网络具有较高的可靠性,但其实现起来费用高、结构复杂、不易管理和维护。中心节点之间就是使用了网状拓扑结构,保证网络各节点对服务器访问的可靠性,如图 1-12 所示。

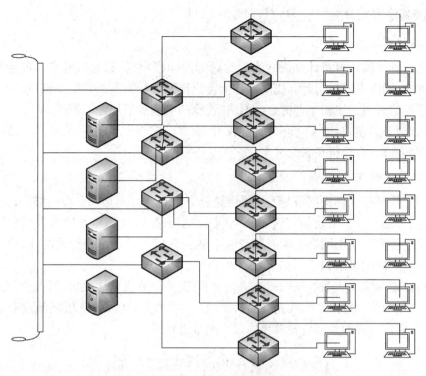

图 1‒12   网状结构网络

网状拓扑可以充分、合理地使用网络资源,并且具有很高的可靠性。目前,实际存在和使用的广域网结构以及一些网络的核心层,基本上都采用了网状拓扑结构以提高服务的可靠性与传输质量。

三、按传输介质划分

计算机网络中常用的传输方式分为有线网传输和无线网传输。有线网传输包括双绞线、同轴电缆、光纤等介质。其中双绞线分为屏蔽双绞线和非屏蔽双绞线。无线传输介质包括无线电波、卫星通信、微波、红外、蓝牙等,如图 1‒13 所示。

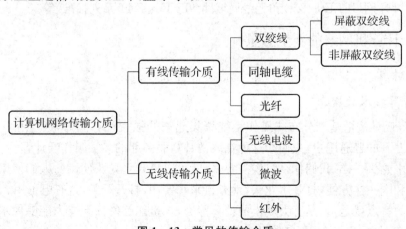

图 1‒13   常见的传输介质

四、按其他方式分类

1. 网络管理模式分类

按照网络管理模式可将计算机网络分为对等网和客户机/服务器模式。对等网采用分散管理的方式,网络中的每台计算机既可作为客户机又可作为服务器来工作,每个用户都管理自己机器上的资源。比较小型的办公网络,连接的电脑数量最好不超过 10 台。

客户机/服务器模式,即 Client-Server(C/S)结构。C/S 结构通常采取两层结构。服务器负责数据的管理,客户机负责完成与用户的交互任务。

2. 传输技术分类

按传输方式可将计算机网络分为广播网络和点对点(point to point)网络。在广播信道中,多个通信节点共享一个通信信道,一个节点广播信息,其他节点都能接收信息。广播式传输网络是一种可以使用网络上所有节点共享的公共信道进行广播传输的计算机网络,是一种一点对多点的网络结构。

点对点传输网络中一条线路只能连接一对节点,一个节点发送数据,另一个节点接收数据,如图 1-14 所示。每条物理线路连接一对计算机。假如两台计算机之间没有直接连接的线路,那么它们之间的数据传输就要通过中间节点转发。

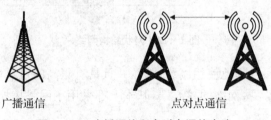

广播通信　　　　　　　　　　点对点通信

图 1-14　广播通信和点对点通信方法

3. 标准协议分类

根据网络所使用的局域网标准协议分类,可以将计算机网络分为标准以太网(IEEE 802.3 标准)、快速以太网(IEEE 802.3u)、千兆以太网(IEEE 802.3z)、万兆以太网(IEEE 802.3ae)、令牌环网(IEEE 802.5)和无线局域网(IEEE 802.11 系列标准)等。

1.1.4　计算机网络的新生力量

一、云计算

1. 云计算技术的概念

2006 年,亚马逊把基于分布式操作系统聚集起来的强大计算能力,通过互联网的方式输送给千千万万的普通用户,人们给这种在线的计算服务起的名字叫作云计算。

就如同水龙头一样,我们什么时候需要水,就可以打开水龙头使用。人们使用计算资源如同使用水和电一样方便,打开水龙头,就有自来水要用,打开开关,就有电可用。

云计算的特点就是,一是有大规模的计算能力,二是能够使计算能力能够像水和电一样被分享给千家万户,让每个用户都能高效利用资源。

通常云计算的服务类型分为三类，即基础设施即服务(IaaS)、平台即服务(PaaS)和软件即服务(SaaS)。它们位于彼此之上，以下是这三种服务的概述：

（1）基础设施即服务(IaaS)

基础设施即服务是主要的服务类别之一，它向云计算提供商的个人或组织提供虚拟化计算资源，如虚拟机、存储、网络和操作系统。

（2）平台即服务(PaaS)

平台即服务是一种服务类别，为开发人员提供通过全球互联网构建应用程序和服务的平台。PaaS为开发、测试和管理软件应用程序提供按需开发环境。

（3）软件即服务(SaaS)

软件即服务也是其服务的一类，通过互联网提供按需软件付费应用程序，云计算提供商托管和管理软件应用程序，并允许其用户连接到应用程序并通过全球互联网访问应用程序。

2. 云计算技术的应用

云计算技术可以解决很多需求，小到需要使用特定软件，大到模拟卫星的周期轨道，以及数据的存储、公司的管理等。

透过这项技术，网络服务提供者可以在数秒之内处理数以千万级甚至亿级的信息，达到和"超级计算机"同样强大效能的网络服务。最简单的云计算技术在网络服务中已经随处可见，例如搜寻引擎、网络邮箱等，使用者只要输入简单指令即能得到大量信息。未来如分析DNA结构、基因图谱定序、解析癌症细胞等，都可以通过这项技术轻易达成。

3. 关键技术

云计算是分布式处理、并行计算和网格计算等概念的发展和商业实现，其技术实质是计算、存储、服务器、应用软件等IT软硬件资源的虚拟化，大部分云计算资源都是"池化"的资源。"池化"就是在物理资源的基础上，通过软件平台封装成虚拟的计算资源，也就是我们常说的虚拟化，如图1-15所示。云计算的关键技术包括以下几个方向：

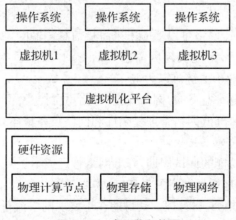

图1-15 虚拟化架构图

（1）虚拟机技术

虚拟机即服务器虚拟化，是云计算底层架构的重要基石。在服务器虚拟化中，虚拟化软件需要实现对硬件的抽象，资源的分配、调度和管理，虚拟机与宿主操作系统及多个虚拟机间的隔离等功能。目前流行的虚拟化软件有 Citrix Xen、VMware ESX Server 和 Microsoft Hyper-V 等。

（2）数据存储技术

云计算系统需要同时满足大量用户的需求，并行地为大量用户提供服务。因此，云计算的数据存储技术必须具有分布式、高吞吐率和高传输率的特点。目前数据存储技术主要有 Google 的 GFS(Google File System，非开源)以及 HDFS(Hadoop Distributed File System，开源)，目前这两种技术已经成为通用标准。

（3）数据管理技术

云计算的特点是对海量的数据存储、读取后进行大量的分析，如何提高数据的更新速率以及进一步提高随机读写速率是未来的数据管理技术必须解决的问题。云计算的数据管理技术最著名的是谷歌的 BigTable，同时 Hadoop 开发团队正在开发类似 BigTable 的开源数据管理模块。

（4）分布式编程与计算

为了使用户能更轻松地享受云计算带来的服务，让用户能利用该编程模型编写简单的程序来实现特定的目的，云计算上的编程模型必须十分简单。必须保证后台复杂的并行执行和任务调度向用户和编程人员透明。当前各 IT 厂商提出的"云"计划的编程工具均基于 Map-Reduce 的编程模型。

二、SDN

软件定义网络(Software Defined Network，SDN)，是一种新型的网络体系结构，是网络虚拟化的一种实现方式，是由美国斯坦福大学 Clean Slate 研究组提出的一种新型网络架构，其核心技术 OpenFlow 通过将网络设备控制面与数据面分离开来，实现了网络流量的灵活控制，为核心网络及应用的创新提供了良好的平台。

随着互联网的发展，互联网用户在不断增加，同时互联网上也不断涌现出许多新兴网络，这些不可避免地带来现有网络不堪重负的问题，那么进行现有网络改革就迫在眉睫。现有网络面临的挑战：

➢ 互联网流量飞速增长，网络难以适应未来海量信息传输的需求。

➢ 传统网络结构不灵活，不能实现因需求灵活变动，不能适应不断涌现的新业务的需求，服务质量难以保证，产业价值链难以为继。

➢ 网络可持续发展问题日益严峻，网络安全、网络不可控、不可管等问题突出。

➢ 网络服务提供商需要降低网络管理复杂性和网络设备成本，以满足云计算技术、大数据技术等对网络特性的新需求。

➢ 运营商缩短网络新功能的面试周期，降低网络管理成本。

SDN 认为不应无限制地增加网络的复杂度，需要对网络进行抽象，以屏蔽底层复杂度，为上层提供简单的、高效的配置与管理。其目的在于实现网络流量的灵活控制，使网络作为管道变得更加智能。

三、Wi-Fi 7

第七代 Wi-Fi 无线网络速度可高达 30 Gbps，是 Wi-Fi 6 最高速率 9.6 Gbps 的三倍之多。在 2022 年世界移动通信大会（MWC 2022）上，中兴推出 Wi-Fi 7 标准的产品。科技的发展越来越快，当我们还在等待 Wi-Fi 6 终端大范围普及时，Wi-Fi 7 技术已经被安排上了。相较此前的 Wi-Fi 6，Wi-Fi 7 有着高吞吐、低延时、抗干扰、广覆盖等众多升级。

就应用层面来说，届时如果 Wi-Fi 7 的传输速度真能达到 30 Gbps，则可为用户带来更加流畅、快速的传输体验，因其拥有更大的覆盖范围并有效地减少了传输拥堵问题，将更有力地助推 8K 产品的普及。从用户角度来看，Wi-Fi 7 让 8K 视频的在线播放不再是梦，用户也会因此获得更好的影音体验。

四、SRv6

全球信息化的进程使得互联网应用得到了迅速而蓬勃的发展，随着网络规模的扩大以及云时代的到来，网络业务种类越来越多，不同业务对网络的要求不尽相同，传统 IP/MPLS 网络遇到不少挑战。

当前一种以 IPv6 为基础吸收 SegmentRouting 思想的 SRv6 协议登上了历史的舞台。SRv6 基于 IP 的可达性，更容易实现不同网络域的互联，SRv6 基于原生的 IPv6，更容易与应用无缝融合在一起，更容易实现"云网"的无缝融合。随着 5G、云业务、物联网等新兴业务发展，SRv6 协议已经迎来了其蓬勃发展的新时代。

SRv6 是基于 IPv6 转发平面的 SR 技术，其结合了 SR 源路由优势和 IPv6 简洁易扩展的特质，具有其独特的优势。SRv6 技术特点及价值可以归纳为以下三点：

➢ SRv6 具有强大的可编程能力。SRv6 具有网络路径、业务、转发行为三层可编程空间，使得其能支撑大量不同业务的不同诉求，契合了业务驱动网络的大潮流。

➢ SRv6 完全基于 SDN 架构，可以跨越 APP 和网络之间的鸿沟，将 APP 的应用程序信息带入网络中，可以基于全局信息进行网络调度和优化。

➢ SRv6 不再使用 LDP/RSVP-TE 协议，也不需要 MPLS 标签，简化了协议，管理简单。EVPN 和 SRv6 的结合，可以使得 IP 承载网简化归一。

➢ SRv6 基于 Native IPv6 进行转发，SRv6 是通过扩展报文头来实现的，没有改变原有 IPv6 报文的封装结构，SRv6 报文依然是 IPv6 报文，普通的 IPv6 设备也可以识别 SRv6 报文。SRv6 设备能够和普通 IPv6 设备共同部署，对现有网络具有更好的兼容性，可以支撑业务快速上线，平滑演进。

五、VXLAN

VXLAN 本质上是一种隧道封装技术。它使用 TCP/IP 协议栈的封装/解封装技术，能在三层网络的基础上建立二层以太网网络隧道，从而实现跨地域的二层互连。VXLAN 采取了将原始以太网报文封装在 UDP 数据包里的封装格式。将原来的二层数据帧加上 VXLAN 头部一起封装在一个 UDP 数据包里。

VXLAN 是一种网络虚拟化技术，可以改进大型云计算在部署时的扩展问题，可以实现不同数据中心、云平台、虚拟机之间的通信，是对 VLAN 的一种扩展。VXLAN 主要解决现阶段大规模云计算数据中心虚拟网络不足的问题。一台服务器可虚拟多台虚拟机，而一台虚拟机相当于一台主机。主机的数量发生了数量级的变化，这也为虚拟网络带来了如下问题：

1. 虚拟机规模受网络规格限制

传统二层网络环境下,数据报文是通过查询 MAC 地址表进行二层转发,而 MAC 地址表的容量限制了虚拟机的数量。

2. 网络隔离能力限制

VXLAN 与 VLAN 非常相似,它也封装了第二层帧和分段网络。主要区别是 VLAN 使用二层帧上的 tag 进行封装,最多可以扩展到 4 000 个 VLAN。而 VXLAN 将 MAC 封装在 UDP 中,并且能够扩展到 1 600 万个 VXLAN 网段。

3. 虚拟机迁移范围受网络架构限制

虚拟机启动后,可能由于服务器资源等问题(如 CPU 过高,内存不够等),需要将虚拟机迁移到新的服务器上。为了保证虚拟机迁移过程中业务不中断,则需要保证虚拟机的 IP 地址保持不变,这就要求业务网络是一个二层网络,且要求网络本身具备多路径的冗余备份和可靠性。

针对二层网络,VXLAN 的提出很好地解决了上述问题。VXLAN 在两台交换机之间建立了一条隧道,将服务器发出的原始数据帧加以"包装",好让原始报文可以在承载网络(比如 IP 网络)上传输。当到达目的服务器所连接的交换机后,离开 VXLAN 隧道,并将原始数据帧恢复出来,继续转发给目的服务器。

1.2　项目设计

目前在市面上构成局域网的拓扑结构有很多种,最常见的有总线拓扑、星型拓扑、环型拓扑及各种混合性拓扑等。采用不同的网络控制策略(即网络数据的传输与通信的有关协议和控制方法),所使用的网络连接设备也不一样。因此,无论在网络的规划或设计时都必须首先决定将采用哪一种网络拓扑结构,也就是说,选择网络拓扑结构是网络规划设计的第一步。

对于小型、简单的网络拓扑结构,因为其中涉及的网络设备不是很多,图形外观也不会要求完全符合相应产品型号,通过简单的画图软件(如 Windows 系统中的"画图"软件、HyperSnap 等)即可轻松实现。而对于一些大型、复杂网络拓扑结构图的绘制则通常需要采用一些非常专业的绘图软件,如 Visio、LAN MapShot 等。

1.3　项目实施

▶▶ 任务 1-1　Visio 绘制网络拓扑图

小瑞同学成功应聘学院信息中心网络运维岗实习生,部门领导要求小瑞尽快熟悉和掌握学校校园网的拓扑结构,根据该学校的具体信息,利用 Visio 绘制出网络拓扑结构的总体设计。

网络拓扑结构是用传输介质连接各种网络设备形成的布局图。常见的网络拓扑图包括总线型、星型、树型等。网络拓扑图可以帮助设计者更清晰地展现网络结构、便于用户理解。绘制网络拓扑图有各种各样的工具,例如微软公司 Office 软件系列中的 Visio 就是一款专用绘图软件,用来绘制流程图、结构图、示意图等。

一、需求分析

绘图工具的使用方法大多类似,不同的工具往往提供的图库有所区别。读者可以自行下载国产的亿图软件免费版,免费版虽然功能相对简单,但完全能满足本项目绘制基本网络拓扑图的需求。本项目推荐使用免费工具和 Visio。

Microsoft Visio 2013 简体中文版是由微软公司开发的一款专业的流程图和矢量绘图工具,用户使用 Visio 2013 能够轻松创建和自定义图表,强大的常用工具可以帮助用户迅速执行常见任务,此外还可以使用共享功能,让团队协作变得更加容易。

小瑞首先经过查阅资料和校园实际调查,总结出如下信息:

➤ 校园网络范围主要包括:办公楼、图书馆、教学楼、实训楼、宿舍楼、中心机房。

➤ 网络层次划分:核心层通过核心层设备与汇聚层间进行信息交流与管理;汇聚层构成本地网络核心同时通过核心设备实现与其他部分的信息交换;接入层将各种最终用户接入 IP 网络。

➤ 中心机房配有:邮件服务器、Web 服务器、FTP 服务器、DHCP 服务器和计费服务器。

二、安装 Visio 软件

第一步　选中"Visio 2013"压缩包,鼠标右击选择"解压到 Visio 2013"。

第二步　双击打开"Visio 2013"文件夹,如图 1 - 16 所示。

第三步　鼠标右击"setup"可执行文件,选择"以管理员身份运行",如图 1 - 16 所示。

图 1 - 16　安装 Visio 2013

第四步 勾选"我接受此协议的条款",点击"继续"。

第五步 点击"自定义",更改软件安装的位置,建议安装至除 C 盘外的其他盘。最后点击完成安装,如图 1－17 所示。

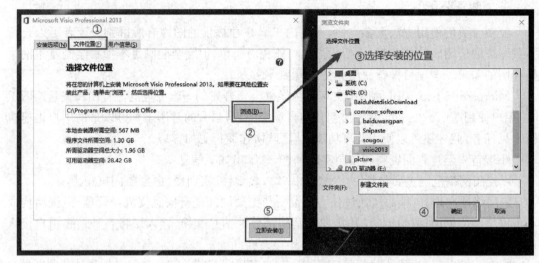

图 1－17 安装 Visio2013

第六步 激活软件后,双击软件图标运行软件"Visio 2013"。点击"文件"→"账户",软件安装完成,如图 1－18 所示。

图 1－18 查看 Visio 2013 激活情况

三、启动 Visio

Visio 应用打开后,选择"文件"→"新建",如图 1－19 所示。

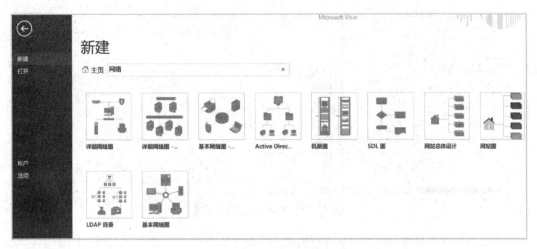

图 1 - 19　启动 Visio

在模板类别中选择"网络"→"基本网络图",单击"创建"按钮,进入绘图窗口,在左侧形状列表里可以看到绘制基本网络图所需的基本形状,如图 1 - 20 所示。

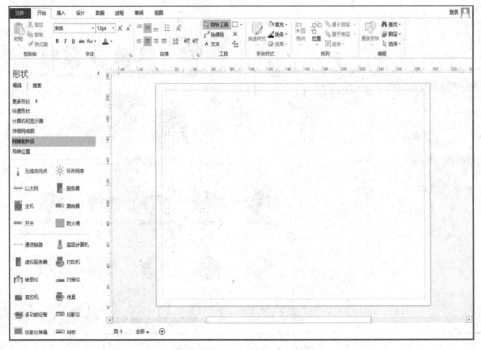

图 1 - 20　Visio 绘图窗口

四、绘制拓扑图

选择"更多形状"→"网络",单击"服务器- 3D"等需要用到的网络 3D 图形类别,如图 1-21所示。在左侧的形状列表中,在"形状"区域中选择"服务器- 3D"中的"邮件服务器""Web 服务器"等图标,将其拖拽到右侧绘图区域中。

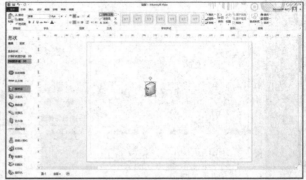

图 1-21　Visio 绘图网络设备

　　它还可以在按住鼠标左键的同时拖动四周的蓝色方格来调整图元大小,通过按住鼠标左键的同时旋转图元顶部的蓝色小圆圈,以改变图元的摆放方向,再通过把鼠标放在图元上,然后在出现 4 个方向箭头时按住鼠标左键可以调整图元的位置。同时,还可以通过在"更多形状"→"网络"中找到更多的网络设备图标,如图 1-22 所示。

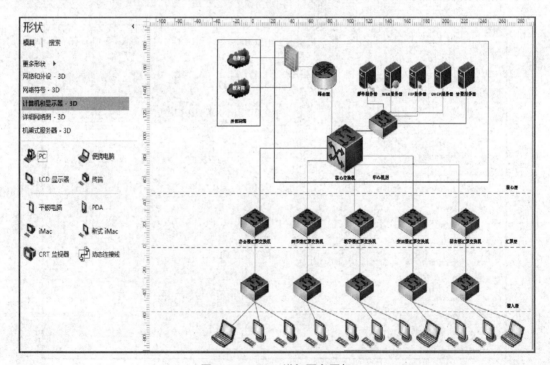

图 1-22　Visio 增加更多图标

　　将拓扑图当中的服务器、防火墙等设备拖动至绘图区域,其中相同的设备可以直接复制粘贴,节省绘图时间。在"形状"区域中选择"网络符号-3D"的交换机拖入右侧绘图区域,绘制办公楼、图书馆、教学楼、实训楼、宿舍楼等的交换机,并用连接线将其和核心交换机相连。

五、打开或关闭"自动连接"功能

有时候很难实现两点之间的连线,往往连线会随机跳动到其他位置,导致箭头总是指向不正确的位置。可在"文件级别"选择"自动连接"。如果启用此选项,则当前文件都自动连接,但当你处理其他文件时,必须重新启用它。对于某些模板,此选项默认启用。

在"视图"选项卡上的"视觉帮助"组中,选中或清除"自动连接"。如果"自动连接"呈灰显,你可转到"文件"→"选项"→"高级",然后选择"启用自动连接"进行修正、激活或停用"自动连接"功能。

➢ 单击"文件"选项卡,然后单击"选项"。
➢ 在"Visio 选项"中,单击"高级"。
➢ 在"编辑选项"下,选择"启用自动连接"复选框可激活"自动连接"功能。
➢ 清除该复选框可停用"自动连接"功能。单击"确定"。

全部绘制完成后用,需要用连接线或者线条工具进行连接,右击选择"直线连接线",如图 1-23 所示。

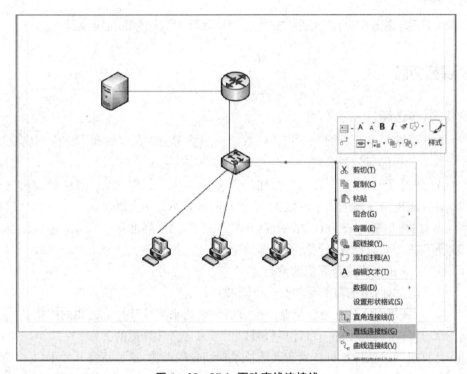

图 1-23　Visio 更改直线连接线

最后,单击工具栏中的"文本",添加上设备注释,经过以上操作,一张简单的网络拓扑图就绘制完成了,如图 1-24 所示。

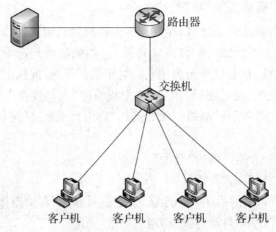

图 1-24 简单网络拓扑图

六、保存

完成绘图后,点击左上角"文件"→"保存"或"另存为",保存到指定位置。

 **课后习题**

一、选择题(单选题)

1. 数据通信是在 20 世纪 60 年代随着( )技术的不断发展和广泛应用而发展起来的一种新的通信技术。

 A. 光纤传输   B. 移动通信   C. 电子邮件   D. 计算机

2. 计算机网络发展的 4 个阶段中,( )阶段是第三个发展阶段。

 A. 网络互联   B. Internet   C. 网络标准化   D. 主机终端系统

3. 下列哪个是对计算机网络不正确的定义( )。

 A. 计算机网络是计算机的集合

 B. 计算机网络的目的是相互共享资源

 C. 计算机网络是在协议控制下通过通信系统来实现计算机之间的连接

 D. 计算机网络中的一台计算机可以干预另一台计算机的工作

4. 计算机网络是计算机技术和通信技术相结合的产物,这种结合开始于( )。

 A. 20 世纪 50 年代   B. 20 世纪 60 年代初期

 C. 20 世纪 60 年代中期   D. 20 世纪 70 年代

5. 世界上第一个计算机网络是( )。

 A. ARPANET   B. ChinaNet   C. Internet   D. CERNET

6. 计算机网络共享的资源是( )。

 A. 路由器、交换机   B. 域名、网络地址与 MAC 地址

 C. 计算机的文件与数据   D. 计算机的软件、硬件与数据

7. 关于计算机网络定义要点的描述中错误的是（　　）。

A. 互联的计算机系统是自治的系统

B. 联网计算机之间的通信必须遵循 TCP/IP

C. 网络体系结构遵循分层结构模型。

D. 组建计算机网络的主要目的是实现计算机资源的共享

8. 联网计算机在相互通信时必须遵循统一的（　　）。

A. 软件规范　　　　　　　　　　B. 层次结构

C. 路由算法　　　　　　　　　　D. 网络协议

9. 世界上第一台电脑是在（　　）年诞生。

A. 1946　　　　　B. 1969　　　　　C. 1977　　　　　D. 1973

10. 下列不属于网络技术发展趋势的是（　　）。

A. 速度越来越高

B. 从资源共享网到面向终端的网发展

C. 各种通信控制规程逐渐符合国际标准

D. 从单一的数据通信网向综合业务数字通信网发展

11. 计算机网络是计算机与（　　）结合的产物。

A. 其他计算机　　B. 通信技术　　　C. 电话　　　　　D. 通信协议

12. 国外常用于衡量网络传输速率的单位 bit/s 的含义是（　　）。

A. 数据每秒传送多少千米　　　　B. 数据每秒传送多少米

C. 每秒传送多少个二进制位　　　D. 每秒传送多少个数据位

13. 下面不属于 4G 网络优势的是（　　）。

A. 手机终端多　　B. 上网速度快　　C. 智能性更高　　D. 技术不成熟

14. 下面不属于云计算的特点的是（　　）。

A. 大规模　　　　B. 高可伸缩性　　C. 通用性　　　　D. 价格昂贵

15. 下面不属于"三网融合"的是（　　）。

A. 电信网　　　　B. 互联网　　　　C. 广播电视网　　D. 物联网

二、简答题

1. 计算机网络的发展分为哪几个阶段？

2. 什么是计算机网络？计算机网络有哪些主要功能？

3. 谈谈你对计算机网络发展的认识。

4. 星型网与总线型网各有何优缺点？

三、操作题

使用 Visio 2013 绘制星型、环型、总线型、树型拓扑图。

<table>
<tr><td>项目二</td><td></td></tr>
</table>

组建办公室网络

☞ 扫码可见本项目微课

计算机网络是随着计算机技术和通信技术的发展而不断升级的,其发展速度异常迅猛,从 20 世纪 70 年代兴起,直到 20 世纪 90 年代形成全球互联的因特网,计算机网络已成为 IT 界发展最快的技术领域之一。

计算机网络的整套协议是一个庞大复杂的体系,为了便于对协议的描述、设计和实现,现在都采用分层的体系结构。

本章主要讲述与计算机网络体系结构有关的内容及基础知识、OSI 参考模型、TCP/IP 模型、IP 地址、子网划分等。

 学习要点

- 计算机网络体系结构
- OSI 参考模型
- 掌握 TCP/IP 模型体系结构
- 掌握 IP 地址及子网掩码的概念
- 掌握 VLSM 划分方法
- 了解 IPv6 的表示形式及其分类

2.1 项目基础知识

计算机网络由多个互连的节点组成,节点之间要不断地交换数据和控制信息。要做到有条不紊地交换数据,每个节点就必须遵守一整套合理而严谨的结构化管理体系。

计算机网络体系结构是指计算机网络层次结构模型,它是各层的协议以及层次之间端口的集合。计算机网络中实现通信必须依靠网络通信协议,目前广泛采用的是开放系统互连(Open System Interconnection,OSI)参考模型,即 OSI 参考模型。

计算机网络的体系结构采用了层次结构的方法来描述复杂的计算机网络,把复杂的网络互连问题划分为若干个较小的、单一的问题,并在不同层次上予以解决。

2.1.1 计算机网络体系结构

一、层次结构的概念

为了将复杂的问题简单化,人们考虑使用分治法,将网络系统模块化,按层次组织各模块,为网络的不同层次制定各自的协议。通常将网络的层次结构、相同层次的通信协议集和相邻层的接口及服务,统称为计算机网络体系结构。

二、划分层次结构的优点

（1）有利于标准化的促进。网络分层后可有针对性地为各层制定协议,网络使用的协议随着层次的划分被分割,每层的协议只需对该层的功能与提供的服务进行定义。

（2）层与层之间相互独立。网络中的各层负责实现一定的功能,提供与其上层交互的接口;各层不关心下层如何实现,仅使用下层提供的服务(即通过下层提供的接口获取下层功能对本层的支持)。

（3）把网络操作分成复杂性较低的单元,结构清晰,易于实现和维护。

（4）层与层之间定义了具有兼容性的标准接口,使设计人员能专心设计和开发所关心的功能模块。

（5）灵活性好。各层可选择最优技术实现本层功能;当网络中的某些功能需要改进时,只需保证层次间接口不变,对功能涉及的网络中的部分层次进行维护,无须调整整个网络。

三、层次结构模型

层次结构一般以垂直分层模型来表示,如图 2-1 所示。同一网络中,任意两个端系统必须具有相同的层次,每层使用其下层提供的服务,并继续向其上层提供服务。第 N 层是第 N-1 层的用户,又是第 N+1 层的服务提供者。第 N+1 层虽然只直接使用了第 N 层提供的服务,实际上它通过第 N 层还间接地使用了第 N-1 层及以下所有各层的服务。通信只在对等层间进行,当然这里所指的通信是间接的、逻辑的、虚拟的,非对等层之间不能相互"通信"。

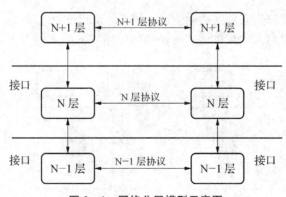

图 2-1　网络分层模型示意图

四、层次结构中的相关概念

（1）实体。在网络体系结构中,每一层都有一些实体(Entity)构成,表示可以发送和接收信息的软硬件进程,如图 2-2 所示。

（2）对等层。两个不同系统的同一层次。

（3）对等实体。分别位于不同系统对等层的两个实体。

（4）接口。接口是指相邻两层之间交互的边界,定义相邻两层之间的操作及下层对上层的服务,底层通过接口为上层提供服务。

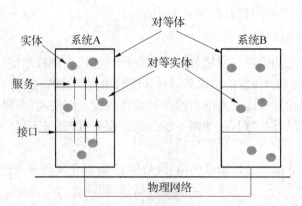

图 2‑2　层次结构中的相关概念

（5）服务。某一层及其以下各层所完成的功能，通过接口提供给相邻的上层。

（6）协议。通信协议定义了网络实体间发送报文和接收报文的格式、顺序以及当传送和接收消息时应采取的行动（规则）。

五、网络协议

网络协议为计算机网络中进行数据交换而建立的规则、标准或约定的集合。例如，网络中一个个人计算机用户和一个大型主机的操作员进行通信，由于这两个数据终端所用字符集不同，操作员所输入的命令彼此不认识。为了能进行通信，规定每个终端都要将各自字符集中的字符先变换为标准字符集的字符后，才进入网络传送，到达目的终端之后，再变换为该终端字符集的字符。

可以将人的语言理解为人们互相通信的一种协议，如图 2‑3 中的两个来自不同国度的人语言交流困难。同样两台计算机使用不同的协议相互不能通信。

图 2‑3　不同语言沟通困难

网络协议是计算机网络中进行数据交换而建立的规则、标准或约定的集合，是计算机网络中互相通信的对等实体之间交换信息时所必须遵守的规则的集合。

网络协议是由三个要素组成：

（1）语义。语义是解释控制信息每个部分的意义。它规定了需要发出何种控制信息，以及完成的动作，最后做出什么样的响应，即通信双方准备"讲什么"。

（2）语法。语法是用户数据与控制信息的结构与格式，以及数据出现的顺序，即通信双方"如何讲"。

（3）时序。时序是对事件发生顺序的详细说明（也可称为"同步"）。即在实现操作时先做什么，后做什么。

网络协议还具有以下特点：

（1）协议必须是清晰的，每一步都要明确定义，且不会引起误解。

（2）协议涉及的每个用户都必须了解协议，且预先知道需要完成的所有步骤。

（3）协议涉及的每个用户都必须同意并遵守它。

六、网络协议的工作方式

网络上的计算机之间又是如何交换信息的呢？就像我们说话用某种语言一样，在网络上的各台计算机之间也有一种语言，这就是网络协议，不同的计算机之间必须使用相同的网络协议才能进行通信。

2.1.2　OSI 参考模型

为了解决不同网络设备之间的互联问题，国际标准化组织（ISO）在 20 世纪 80 年代初提出了著名的开放系统互连参考模型 OSI/RM。OSI 参考模型在设计时，遵循了以下原则。

（1）各个层之间有清晰的边界，每层实现特定的功能。

（2）层次的划分有利于国际标准协议的制定。

（3）层的数目足够多，以避免各个层的功能重复。

计算机网络体系结构的出现加快了计算机网络的发展。OSI 参考模型由下至上依次为第 1 层物理层（Physical Layer），第 2 层数据链路层（Data Link Layer），第 3 层网络层（Network Layer），第 4 层传输层（Transport Layer），第 5 层会话层（Session Layer），第 6 层表示层（Presentation Layer），第 7 层应用层（Application Layer）。OSI 参考模型采用了层次结构，将整个网络的通信功能划分成 7 个层次，每个层次完成不同的功能，如图 2 - 4 所示。

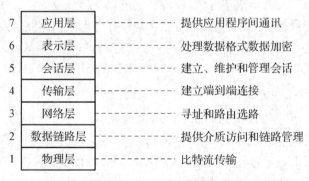

7	应用层	提供应用程序间通讯
6	表示层	处理数据格式数据加密
5	会话层	建立、维护和管理会话
4	传输层	建立端到端连接
3	网络层	寻址和路由选路
2	数据链路层	提供介质访问和链路管理
1	物理层	比特流传输

图 2 - 4　OSI 参考模型

通常第一层到第三层称为底层（Lower Layer），又叫介质层（Media Layer），底层负责数据在网络中的传送，网络互联设备往往位于下三层，以硬件和软件相结合的方式来实现。OSI 参考模型的第五层到第七层称为高层（Upper Layer），又叫主机层（Host Layer），高层用于保障数据的正确传输，以软件方式来实现。

OSI 参考模型是抽象的模型体,每层都定义了其在网络通信过程中需要完成的相应的功能,不仅包括一系列抽象的术语或概念,也包括具体的协议。

一、物理层(Physical Layer)

物理层位于 OSI 参考模型的最底层,物理层的主要功能是完成相邻节点之间原始比特流的传输,通过完成物理连接和数据传输为数据链路层提供服务。物理层协议关心的典型问题是使用什么样的物理信号来表示数据"1"和"0";一个比特持续的时间多长;数据传输是否可同时在两个方向上进行;最初的连接如何建立;完成通信后连接如何终止等,如图 2-5 所示。

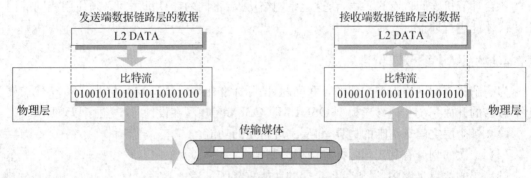

图 2-5 物理层数据传输示意图

物理层构建在物理传输介质和硬件设备相连接之上,向上服务于紧邻的数据链路层。物理链路可能是双绞线、同轴电缆、光纤、卫星、微波和无线电波等。物理层的功能主要有以下 3 点:

(1) 确定物理介质机械、电气、功能以及规程特性。

(2) 利用物理传输介质为数据链路层提供物理连接,以便透明地传送"比特"流。物理层的链接可以是全双工或者半双工方式,传输方式可以是异步或同步方式。

(3) 物理层不提供检错和纠错服务,检错和纠错任务由数据链路层及以上层次完成。

物理层的数据基本单位是比特(bit),即一个二进制位。字节(Byte):1 B=8 b,千字节(KB):1 KB=1 024 B,兆字节(MB):1 MB=1 024 KB,吉字节(GB):1GB=1 024 MB。

二、数据链路层(Data Link Layer)

数据链路层在 OSI 参考模型的第 2 层。负责物理层面上两个互连主机间的通信传输,将由 0、1 组成的比特流划分成数据帧传输给对端,即数据帧的生成与接收,格式如表 2-1 所示。通信传输实际上是通过物理的传输介质实现的。数据链路层的作用就是在这些通过传输介质互连的设备之间进行数据处理。

表 2-1 数据链路层数据格式

前导码	目的地址	源地址	长度	数据	校验码

如果多点传输,由于物理层不编址,目的节点如何接收,传输过来的数据如何保证正确性?数据链路层主要功能是在不可靠的物理线路上进行数据的可靠传输,完成的是网络中

相邻节点之间可靠的数据通信。为了保证数据的可靠传输,发送方把用户数据封装成帧(Frame),并按顺序传送各帧(对二进制位流增加控制信息)。该层的作用还包括:物理地址寻址、流量控制、数据的检错、重发等,如图 2-6 所示。

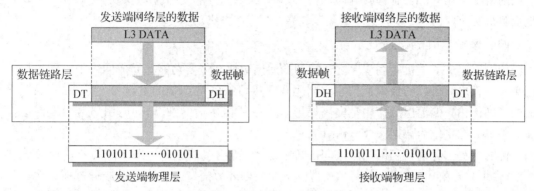

图 2-6　数据链路层示意图

由于物理线路的不可靠,因此,发送方发出的数据帧有可能在线路上发生差错或丢失,所谓丢失实际上是数据帧的帧头或帧尾出错,从而导致接收方不能正确接收到数据帧。

为了保证能让接收方对接收到的数据进行正确判断,接收方要进行正确应答。发送方为每个帧加入检错码,一旦接收方通过计算发现接收到的数据有错,则发送方必须重传这一帧数据。数据链路层必须解决由于帧的损坏、丢失和重复所带来的问题。

三、网络层(Network Layer)

网络层是 OSI 参考模型中的第 3 层,是比较复杂的一层。它在下两层的基础上向资源子网提供服务。其主要任务是:通过路由选择算法,为报文或分组通过通信子网选择最适当的路径。该层控制数据链路层与传输层之间的信息转发,建立、维持和终止网络的连接。具体地说,数据链路层的数据在这一层被转换为数据包,然后通过路径选择、分段组合、顺序、进/出路由等控制,将信息从一个网络设备传送到另一个网络设备,即完成网络中主机间的数据包传输,如图 2-7 所示。

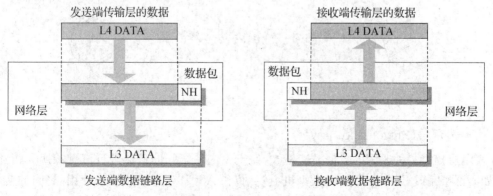

图 2-7　网络层传输模型

一般地,数据链路层是解决同一网络内节点之间的通信,而网络层主要解决不同子网间的通信。例如在广域网之间通信时,必然会遇到路由(即两节点间可能有多条路径)选择问题。网络层数据的单位称为数据包(packet),按照提取的 IP 地址进行路由选择。

网络层常见的协议有:因特网互联协议(IP 协议)、因特网控制报文协议(ICMP 协议)、地址解析协议(ARP 协议)、逆地址解析协议(RARP 协议)。

四、传输层(Transport Layer)

传输层定义了主机应用程序之间端到端的连通性。主要功能是完成网络中不同主机上的用户进程之间可靠的数据通信。它向用户提供可靠的端到端的差错和流量控制,保证报文的正确传输。传输层的作用是向高层屏蔽下层数据通信的细节,即向用户透明地传送报文。基本数据单位为数据段(Segment)。

传输层提供会话层和网络层之间的传输服务,传输层的服务一般要经历传输连接建立阶段、数据传送阶段、传输连接释放阶段这 3 个阶段才算完成一个完整的服务过程。而在数据传送阶段又分为一般数据传送和加速数据传送两种形式。传输层中最为常见的两个协议分别是传输控制协议 TCP 和用户数据报协议 UDP。

传输层的主要功能如下:

(1) 传输连接管理:提供建立、维护和拆除传输连接的功能。传输层在网络层的基础上为高层提供“面向连接”(虚电路)和“面向无接连”(数据报)的两种服务。

(2) 处理传输差错:提供“面向连接”和“面向无连接”的数据传输服务、差错控制和流量控制。在提供“面向连接”服务时,通过这一层传输的数据将由目标设备确认,如果在指定的时间内未收到确认信息,数据将被重发,监控服务质量。

五、会话层(Session Layer)

会话层允许不同机器上的用户之间建立会话。会话层不参与具体的传输,它提供包括访问验证和会话管理在内的建立以及维护应用之间的通信机制。如服务器验证用户登录便是由会话层完成的。

建立和释放会话连接主要是管理和协调不同主机上各种进程之间的通信(对话),即负责建立、管理和终止应用程序之间的会话,如图 2-8 所示。

建立、维护、释放端到端的连接

图 2-8　会话层示意图

六、表示层(Presentation Layer)

表示层提供一种通用的数据描述格式,便于不同系统间的机器进行信息转换和相互操作,如会话层完成 EBCDIC 编码(大型机上使用)和 ASCII 码(PC 机器上使用)之间的转换。表示层的主要功能有:数据语法转换、语法表示、数据加密和解密、数据压缩和解压,如图 2-9所示。

图 2‑9　表示层示意图

七、应用层(Application Layer)

应用层是 OSI 参考模型的最高层，它是计算机用户以及各种应用程序和网络之间的接口，其功能是直接向用户提供服务，完成用户希望在网络上完成的各种工作。它在其他 6 层工作的基础上，负责完成网络中应用程序与网络操作系统之间的联系，建立与结束使用者之间的联系，并完成网络用户提出的各种网络服务及应用所需的监督、管理和服务等各种协议。此外，该层还负责协调各个应用程序间的工作，如图 2‑10 所示。

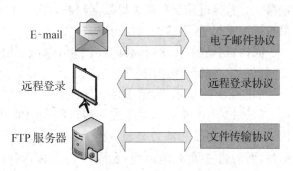

图 2‑10　应用层示意图

应用层常见的协议有：邮件传送协议（SMTP）、邮局协议（POP3）、文件传输服务（FTP）、远程登录服务（Telnet）、电子邮件服务（E‑mail）、打印服务、HTTP 协议等。

2.1.3　OSI 参考模型数据流向

如图 2‑11 所示，在 OSI 参考模型中，当一台主机需要传送用户的数据时，数据首先通过应用层的接口进入应用层。在应用层，用户的数据被加上应用层的报头（AH），形成应用层协议数据单元，然后通过应用层与表示层的接口数据单元，递交到表示层。

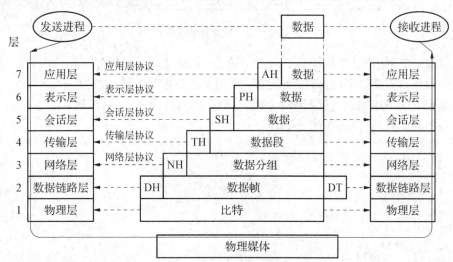

图 2‑11　OSI 参考模型数据流向

表示层并不"关心"应用层的数据格式,而是把整个应用层递交的数据报看成是一个整体进行封装,即加上表示层的报头(PH),然后递交到会话层。

同样,会话层、传输层、网络层、数据链路层也都要分别给上层递交下来的数据加上自己的报头。它们是会话层报头(SH)、传输层报头(TH)、网络层报头(NH)和数据链路层报头(DH)。其中,数据链路层还要给网络层递交的数据加上数据链路层报尾(DT)形成最终的一帧数据。

当一帧数据通过物理层传送到目标主机的物理层时,该主机的物理层把它递交到数据链路层。数据链路层负责去掉数据帧的帧头部 DH 和尾部 DT(同时还进行数据校验)。如果数据没有出错,则递交到网络层。

同样,网络层、传输层、会话层、表示层、应用层也要做类似的工作。最终,原始数据被递交到目标主机的具体应用程序中。

如图 2-12 所示,数据由传送端的最上层(通常是指应用程序)产生,由上层往下层传送。每经过一层,都在前端增加一些该层专用的信息,这些信息称为报头,然后才传给下一层,可将加上报头想象为套上一层信封。因此,到了最底层时,原本的数据已经套上了七层信封,而后通过网线、电话线、光纤等介质,传送到接收端。

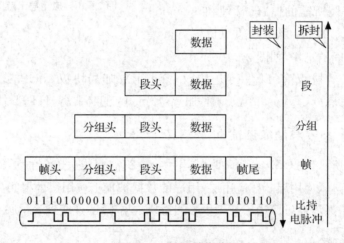

图 2-12 数据封装过程

接收端接收到数据后,从最底层向上层传送,每经过一层就拆掉一层信封(即去除该层所认识的报头),直到最上层,数据便恢复成当初从传送端最上层的原貌。

数据自上而下递交的过程实际上就是不断封装的过程,到达目的地后自下而上递交的过程就是不断拆封的过程,如图 2-13 所示。

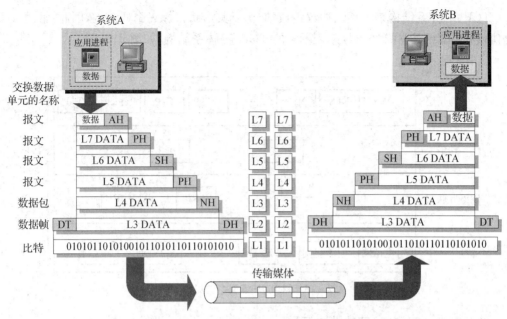

图 2‐13　OSI 参考模型数据流封装/解封装

2.1.4　TCP/IP 协议簇

OSI/RM 是一种理论上比较完整的网络概念模型,但在实际应用中,完全符合 OSI/RM 的成熟产品却很少;经过多年的发展,TCP/IP 已成为计算机网络体系结构事实上的工业标准,得到了广泛的实际应用。所以尽管 OSI/RM 国际标准对计算机网络起到了规范和指导作用,但实际使用的标准仍然是 TCP/IP。

一、TCP/IP 模型结构

TCP/IP 协议不仅仅指的是 TCP 和 IP 两个协议,而是指一个由 FTP、SMTP、TCP、UDP、IP 等协议构成的协议簇,只是因为在 TCP/IP 协议中 TCP 协议和 IP 协议最具代表性,所以被称为 TCP/IP 协议。TCP/IP 模型从更实际的角度出发,形成了具有更高效率的 4 层结构,即网络接口层、网络互联层(IP 层),传输层(TCP 层)和应用层。虽然它与 OSI 参考模型各有自己的分层结构,但大体上两者仍能相互对照,如图 2‐14 所示。

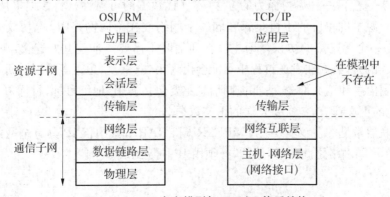

图 2‐14　OSI 参考模型与 TCP/IP 体系结构

TCP/IP 体系结构是由四层协议组成的，由于其形状很像一个栈结构，因此，常用 TCP/IP 协议栈或者 TCP/IP 协议族来表示它的 TCP/IP 体系结构，如图 2-15 所示。

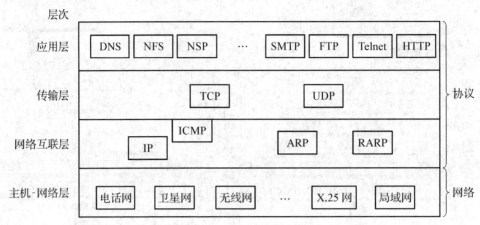

图 2-15　TCP/IP 模型中常见的协议

二、主机—网络层(网络接口层)

TCP/IP 模型中的主机—网络层与 OSI 参考模型的物理层、数据链路层以及网络层的一部分相对应。该层中所使用的协议大多是各通信子网固有的协议，例如以太网 802.3 协议、令牌环网 802.5 协议或分组交换网 X.25 协议等。主机—网络层的作用是传输经网络互联层处理过的信息，并提供一个主机与实际网络的接口，而具体的接口关系则可以由实际网络的类型所决定。

三、网络互联层

网络互联层(或网际层)是 TCP/IP 模型的关键部分。它负责将源主机的分组发往任何网络(源主机与目的主机可以在一个网段，也可以在不同的网段)，并使每个分组可以单独路由，采用数据报方式的信息传送。

1. IP 协议

网络互联层所使用的协议是 IP 协议。IP 协议提供统一的 IP 数据报格式，以消除各通信子网的差异，从而为信息发送方和接收方提供透明的传输通道。

IP 的任务是提供一种尽力而为的方法(不保证数据的可靠性)，将数据报从源端口发送到目的端口。源主机和目的主机是否在同一个网络或在不同网络中，IP 协议并不关心，因此，IP 协议是一个无连接的协议。即主机在通信时不需要提前建立好连接，源主机只负责将数据包发送出去，数据在发送过程中可能会出现丢失、重复、延迟等情况。每个 IP 数据包包含头部控制信息和正文部分，头部控制信息主要包括源 IP 地址目标、目标 IP 地址及其他信息，数据包的正文部分，包含要发送的正文数据。

网络互联层常见的协议有 IP、ICMP、ARP 和 RARP，其中仅 IP 具有全网的寻址能力，ICMP 需要在不同网络之间传递，因此，必须用 IP 协议封装。

2. IP 数据报格式

一个 IP 数据报由首部和数据两部分组成。首部的前一部分是固定长度,共 20 字节,是所有 IP 数据报必须具有的。在首部的固定部分的后面是一些可选字段,其长度是可变的。

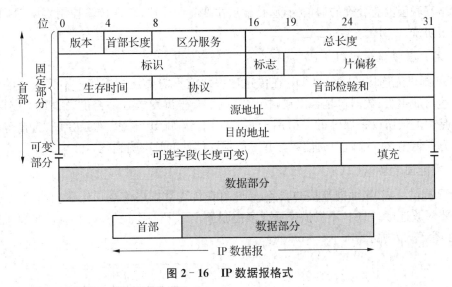

图 2-16　IP 数据报格式

3. IP 数据报首部字段

TCP/IP 协议中,各种数据格式通常以 32 bit(即 4 字节)为单位描述,如图 2-16 所示。

版本——占 4 bit,指 IP 协议的版本,目前的 IP 协议版本号为 4(即 IPv4)。

首部长度——占 4 bit,可表示的最大数值是 15 个单位(一个单位为 4 字节),因此,IP 的首部长度的最大值是 60 字节。

区分服务——占 8 bit,用来获得更好的服务。前 3 个比特表示优先级,可设 8 种优先级。

总长度——占 16 bit,指首部和数据之和的长度,单位为字节,因此,数据报的最大长度为 65 535 字节。总长度必须不超过最大传送单元 MTU(每一种数据在链路层传输都有其自己的帧格式,其中包括数据字段的最大长度,在 IP 层为 MTU)。

标识(identification)占 16 bit,共 3 位,用来标识分片前的数据报。MF=1 表示后面"还有分片"。MF=0 表示最后一个分片。

生存时间——分组每经过一个路由器 TTL 就会被减 1,减到 0 就丢弃。这样可以避免在出现特殊情况下(如出现长时间的路由循环),分组被无限制地转发。

协议——占 8 bit,指出此数据报携带的数据使用何种协议以便目的主机的 IP 层将数据部分上交给哪个高层协议,可以是 ICMP、TCP、UDP 等。

源地址和目的地址都各占 4 字节。

任选段——可变长的任选段允许今后的版本包含在当前设计的头中未出现的信息,避免使用固定的保留长度,从而可以根据需要选用。

填充段——IP 分组头部必须是 4 个字节长的整数倍。填充段是为了使现有任选的 IP

分组满足 4 个字节长度的整数倍而设计的。

四、传输层

传输层为应用程序提供端到端通信功能,和 OSI 参考模型中的传输层相似。该层协议处理网络互联层没有处理的通信问题,传输层主要有两个协议,即传输控制协议(TCP)和用户数据报协议(UDP)。

1. 用户数据报协议(UDP)

UDP 提供无连接的服务,UDP 在传送数据之前不需要建立连接。不管发送的数据包是否到达目的主机、数据包是否出错,接收方也不会告诉发送方是否正确收到了数据,它的可靠性是由上层协议来保障的。适用于实时应用,例如:IP 电话、视频会议、直播等。它以报文的方式传输,效率高,但通信双方并不能保证信件准时准确到达。

2. 传输控制协议(TCP)

TCP 提供可靠的、面向连接的服务,意味着在传送数据之前必须先建立连接,数据传送结束后要释放连接。TCP 不提供广播或多播服务。TCP 的连接是双向的,即全双工的通信方式,如图 2-17 所示。

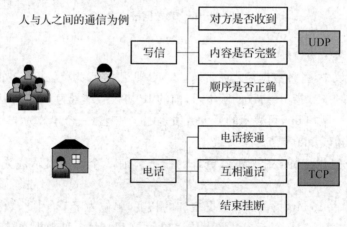

图 2-17 TCP/UDP 通信实例

尽管 TCP/IP 的网络层提供的是一种面向无连接的 IP 数据报服务,但传输层的 TCP 旨在向 TCP/IP 的应用层提供的是一种端到端的面向连接的可靠地数据流传输服务。TCP 常用于一次传输要交换大量报文的情形,如文件传输、远程登录等。

为了实现端到端的可靠传输,TCP 协议必须规定传输层的连接建立与拆除的方式、数据传输格式、目标应用进程的识别及差错控制和流量控制机制等。与所有的网络协议相似,TCP 将自己所要实现的功能集中体现在了 TCP 的协议数据单元中。

3. TCP 分段格式

TCP 的协议数据单元被称为分段,TCP 通过分段的交互来建立连接、传输数据、发出确认、进行差错控制、流量控制及释放连接。分段为两部分,即分段头和数据,所谓分段头,就是 TCP 为了实现端到端可靠传输所加上的控制信息,而数据则是指由高层即应用层来的数据,如图 2-18 所示。

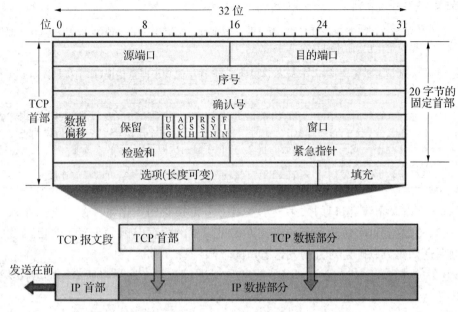

图 2-18　TCP 分段格式

TCP 分段格式中的各字段含义说明如下。

源端口——主叫方的 TCP 端口号,占 16 bit。

目的端口——被叫方的 TCP 端口号,占 16 bit。

顺序号——分段的序列号,表示该分段在发送方的数据流中的位置,用来保证到达数据顺序的编号,占 32 bit。

确认号——下一个期望接收的 TCP 分段号,相当于是对对方所发生的并已被本方所正确接收的分段号的确认。顺序号和确认号共同用于 TCP 服务中的确认、差错控制,占 32 bit。

数据偏移——TCP 头长,4 bit。实际相当于给出数据在数据段中的开始位置。它指出 TCP 报文段的数据的起始位置。最大取值 1 111。

预留——未用的 6 bit,为将来的应用而保留,目前置为"0"。

编码位——TCP 分段有多种应用,如建立或关闭连接、数据传输、携带确认等,如表2-2 所示。

表 2-2　编码位含义

名称	说明
URG	表示本报文段中发送的数据是否包含紧急数据:URG=1 时表示有紧急数据,当 URG=1 时,后面的紧急指针字段才有效
ACK	表示前面的确认号字段是否有效:ACK=1 时表示有效;只有当 ACK=1 时,前面的确认号字段才有效;TCP 规定,连接建立后,ACK 必须为 1

名称	说明
PSH	告诉对方收到该报文段后是否立即把数据推送给上层。如果值为 1,表示应当立即把数据提交给上层,而不是缓存起来
RST	表示是否重置连接:若 RST＝1,说明 TCP 连接出现了严重错误(如主机崩溃),必须释放连接,然后再重新建立连接
SYN	在建立连接时使用,用来同步序号:当 SYN＝1,ACK＝0 时,表示这是一个请求建立连接的报文段;当 SYN＝1,ACK＝1 时,表示对方同意建立连接;SYN＝1 时,说明这是一个请求建立连接或同意建立连接的报文;只有在前两次握手中 SYN 才为 1
FIN	标记数据是否发送完毕:若 FIN＝1,表示数据已经发送完成,可以释放连接

窗口——占 2 字节,窗口的大小表示发送方可以接收的数据量。窗口的大小表示接收方可以接收的数据量,单位为字节。接收方根据设置的缓存空间大小确定自己的接收窗口大小,然后通知对方以确定对方的发送窗口的上限。

校验和——占 2 字节。用于对分段头和数据进行校验。通过将所有 16 位字以补码形式相加,然后再对相加和进行取补,正常情况下应为"0"。

紧急指针——占 16 bit,给出从当前顺序号到紧急数据位置的偏移量。

任选项:提供一种增加额外设置的方法,如最大 TCP 分段大小的约定。

填充——当任选项字段长度不足 32 位长时,需要加以填充。

数据——来自高层即应用层的协议数据。

UDP 与 TCP 位于同一层,但它不管数据包的顺序、错误或重发。因此 UDP 不被应用于那些使用虚电路的面向连接的服务,UDP 主要用于那些面向查询——应答的服务,例如 NFS。相对于 FTP 或 Telnet,这些服务需要交换的信息量较小。

表 2－3　UDP 与 TCP 特征比较

	UDP	TCP
是否需要建立连接	否	是
通信方式	一对一、一对多、多对一、多对多交互通信	每条 TCP 连接只能有两个端点,只能是一对一通信
对报文的处理	对应用层交付的报文直接打包	面向字节流
传输是否可靠	尽最大努力交付,也就是不可靠,不使用流量控制和拥塞控制	可靠传输,使用流量控制和拥塞控制
首部对比	仅 8 字节	最小 20 字节,最大 60 字节

4. 端口

传输层协议实现应用进程间端到端的通信。计算机中的不同进程可能同时进行通信,这时它们会用端口号进行区别,通过网络地址和端口号的组合达到唯一标识的目的,即套接字(Socket)。套接字是 IP 地址加上一个端口。

在 TCP/IP 传输层,端口标识 16 比特,也就是说可定义 2^{16} 个端口,其端口号从 0 到 $2^{16}-1$。每种应用层协议或应用程序都具有与传输层唯一连接的端口,并且使用唯一的端口号将这些端口区分开来。

当数据流从某一个应用发送到远程网络设备的某一个应用时,传输层根据这些端口号,就能够判断出数据是来自于哪一个应用,想要访问另一台网络设备的哪一个应用,从而将数据传输到相应的应用层协议或应用程序。常见的端口号见表 2-4 所示。

表 2-4　常见端口号

	端口号	协议	应用协议
UDP 保留端口举例	69	TFTP	简单文件传输协议
	161	SNMP	简单网络管理协议
	520	RIP	RIP 路由选择协议
TCP 保留端口举例	21	FTP	文件传输协议
	23	Telnet	虚拟终端协议—远程连接
	25	SMTP	简单邮件传输协议
	53	DNS	域名服务
	80	HTTP	超文本传输协议

5. TCP 三次握手

假设 Client 要跟 Server 建立连接,但是却因为中途连接请求的数据报丢失了,故 Client 端不得不重新发送一遍;这个时候 Server 端仅收到一个连接请求,因此,可以正常地建立连接。

但有时候 Client 端重新发送请求不是因为数据报丢失了,而是有可能数据传输过程因为网络并发量很大在某节点被阻塞了,这种情形下 Server 端将先后收到 2 次请求,并持续等待两个 Client 请求向他发送数据。而 Client 端实际上只有一次请求,而 Server 端却有 2 个响应,极端的情况可能由于 Client 端多次重新发送请求数据而导致 Server 端最后建立了 N 多个响应在等待,因而造成极大的资源浪费。总而言之,规避重复连接。

6. 三次握手过程

(1) 首先,服务端和客户端都是处于 CLOSED 状态的,然后服务端启动,监听端口,状态变为 LISTEN(监听)状态。

(2) 时间点 1,客户端向服务端发送连接请求报文段。ACK=0,SYN=1,seq=x。将 SYN 位置为 1,Seq 为 x;然后,客户端进入 SYN_SEND 状态,等待服务器的确认。

(3) 服务器收到 SYN 报文段。服务器收到客户端的 SYN 报文段,需要对这个 SYN 报文段进行确认,设置 ack 为 x+1(seq+1);同时,自己还要发送 SYN 请求信息,将 SYN 位置为 1,seq 为 y;服务器端将上述所有信息放到一个报文段(即 SYN+ACK 报文段)中,并发送给客户端,此时服务器进入 SYN_RECV 状态。

(4) 客户端收到服务器的 SYN+ACK 报文段。然后将 ack 设置为 y+1,向服务器发送 ACK 报文段,这个报文段发送完毕以后,客户端和服务器端都进入 ESTABLISHED 状态,完成 TCP 三次握手,如图 2-19 所示。

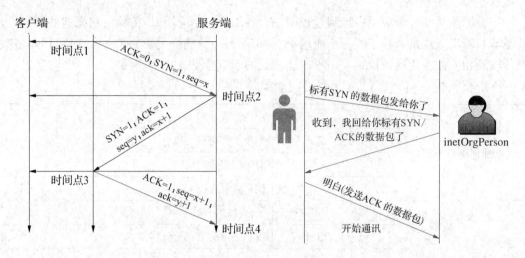

图 2-19 TCP 三次握手

同步序号:SYN;确认字段:ACK;随机数据:seq;规定:当 SYN=1,ACK=0 表示连接请求。当 SYN=1,ACK=1 表示同意建立连接。完成了三次握手后,客户端和服务器端就可以开始传送数据。

五、应用层

位于传输层之上的应用层包含所有的高层协议,为用户提供所需要的各种服务。TCP/IP 模型中的应用层与 OSI 参考模型中的应用层有较大的差别,它不仅包括了会话层及上面三层的所有功能,而且还包括了应用进程本身。

因此,TCP/IP 模型的简洁性和实用性就体现在它不仅把网络层以下的部分留给了实际网络,而且将高层部分和应用进程结合在一起,形成了统一的应用层。

2.1.5 进制转换

日常生活中,人们常用的是加、减、乘、除及高级运算都是用十进制表示。计算机是基于二进制进行运行计算的,只是用二进制执行运算,用其他进制表现出来。十六进制常见于内存地址,注册表 regedit,MAC 地址等。八进制一般用于某些编程语言较多。数字电路中常用 1 代表通电(开),0 代表断电(关)。

一、数制和信息编码

数制也称计数制,任何信息必须转换成二进制数据后才能由计算机处理和存储。常用数制如表 2-5。

表 2 - 5　数制表

	基数	位权	系数	表示方法	进位规则
二进制	2	2^n	0,1	B	逢二进一
八进制	8	8^n	0~7	O 或 Q	逢八进一
十进制	10	10^n	0~9	D	逢十进一
十六进制	16	16^n	0~9,A~F	H	逢十六进一

二、数制之间的转换

1. 非十进制→十进制

规则:各位数与对应位权的积,再求和。

如:$10110\ B = 1 \times 2^4 + 0 \times 2^3 + 1 \times 2^2 + 1 \times 2^1 + 0 \times 2^0 = 22\ D$

$\qquad 240\ Q = 2 \times 8^2 + 4 \times 8^1 + 0 \times 8^0 = 160\ D$

$11010010\ B = 1 \times 2^7 + 1 \times 2^6 + 0 \times 2^5 + 1 \times 2^4 + 0 \times 2^3 + 0 \times 2^2 + 1 \times 2^1 + 0 \times 2^0$

$\qquad\qquad = 128 + 64 + 0 + 16 + 0 + 0 + 2 + 0$

$\qquad\qquad = 210\ D$

2. 十进制→非十进制

规则:① 整数转换:把被转换的十进制数反复地除以 2(8 或 16),直到商为 0,所得余数(从末位读起)就是该数的二(八或十六)进制表示。称为"除 2(8 或 16)取余,倒序排列"。

② 小数转换:将十进制小数连续乘以 2(8 或 16),取进位整数,直到满足精度要求为止。称为"乘 2(8 或 16)取整法,顺序排列"。

例 1　将十进制整数 79 转换为二进制数。

除数	被除数/商数	余数	结果取值顺序
2	79		
2	39	1	最低位
2	19	1	
2	9	1	
2	4	1	
2	2	0	
2	1	0	最高位
2	0	1	

转换结果为:79 = 1001111B

例 2　将十进制小数 0.1875 转换为二进制数。

转换结果取值顺序	积的整数部分	被乘数/积的小数部分	乘数
高位		0.1875	2
	0	0.375	2
	0	0.75	2
	1	0.5	2
低位	1	0.0	

转换结果为:0.1875＝0.0011B

十进制数转换成八或十六进制数时,方法与上例的方法相同,只是除数和乘数由"2"改为"8"或"16"。

3. 二进制数与八进制数之间的转换

规则:三位二进制数构成一位八进制数,即三位合一;一位八进制数拆成三位二进制数,即一位拆三。

例3 将二进制数10110110100011.011011B转换为八进制数。

```
10   110   110   100   011 . 011   011   B
 2    6     6     4     3 .  3     3     O
```

> **注意:**整数部分由低位往高位取位,每次取三位,位数不够,在前面(即高位)补0;小数部分由高位往低位取位,每次取三位,位数不够,在后面(即低位)补0。整数部分的0可补可不补,小数部分的0必须补。

例4 将八进制数642.15O转换位二进制数。

```
 6        4      2 .  1    5    O
110      100    010 . 001  101  B
```

4. 二进制数与十六进制数之间的转换

规则:四位二进制数构成一位十六进制数,即四位合一;一位十六进制数拆成四位二进制数,即一位拆四。

例5 将二进制数10110110100011.011011B转换为十六进制数。

```
0010   1101   1010   0011 . 0110   1100   B
 2      D      A      3   .  6      C      H
```

> **注意:**整数部分由低位往高位取位,每次取四位,位数不够,在前面(即高位)补0;小数部分由高位往低位取位,每次取四位,位数不够,在后面(即低位)补0。整数部分的0可补可不补,小数部分的0必须补。

例6 将十六进制数3F84.E4H转换为二进制数。

```
 3      F      8     4  .  E      4      H
0011   1111   1000  0100 . 1110   0100   B
```

5. 八进制与十六进制之间的转换

计算机本身使用的就是二进制,但是使用起来很不方便,十六进制或八进制可以很好地解决这个问题(换算的时候1位十六进制数可以用4位二进制数代替,1位八进制数可以用3位二进制数代替)。具体规则是用二进制位来过渡实现转换。

例7 将十六进制数 3F84.E4H 转换为八进制数。

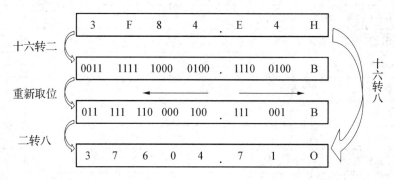

三、拆数实现十进制转二进制

规则:将十进制数拆成位权相加的形式,已有的位权对应二进制位是1,其他位为0。

注意:① 每次拆成尽可能大的位权;② 不能有相同的位权。

128	64	32	16	8	4	2	1	
0	0	0	0	0	0	0	0	= 0
1	0	0	0	0	0	0	0	= 128
1	1	0	0	0	0	0	0	= 192
1	1	1	0	0	0	0	0	= 224
1	1	1	1	0	0	0	0	= 240
1	1	1	1	1	0	0	0	= 248
1	1	1	1	1	1	0	0	= 252
1	1	1	1	1	1	1	0	= 254
1	1	1	1	1	1	1	1	= 255

例8 将十进制 145 转换为二进制。

(1) 拆数:$145 = 128 + 16 + 1$

$\qquad = 2^7 + 2^4 + 2^0$

(2) 定值: $= 10010001\ B$

注意:例8在拆数过程中,由于位权 2,4,8,32,64 没有,所以这些位权对应的值为0,其他为1。任意一个十进制数的二进制表示就可以被快速写出。二进制、十进制、十六进制直接的转换关系见表2-6所示。

表 2 - 6 　 二进制、十进制、十六进制直接的转换关系

二进制	十进制	十六进制
0000	0	0
0001	1	1
0010	2	2
0011	3	3
0100	4	4
0101	5	5
0110	6	6
0111	7	7
1000	8	8
1001	9	9
1010	10	A
1011	11	B
1100	12	C
1101	13	D
1110	14	E
1111	15	F

四、信息的编码

1. 西文字符与 ASCII 码

字符数据主要指数字、字母、通用符号、控制符号等,在计算机中它们都被转换成能被计算机识别的二进制编码形式。在计算机中普遍采用的一种字符编码方式是 ASCII 码（American Standard Code for Information Interchange,美国信息交换标准码）。

ASCII 码用 7 位二进制表示一个字符,可以表示 128 种不同的字符,在计算机中实际用 8 位表示一个字符,最高位为“0”,它是全球通用的字符编码。

2. 汉字编码

汉字是象形文字,结构复杂,字型、字音和字义之间没有明显的规律可循,因此,应对汉字采取特殊的编码方式,我国汉字代码标准 GB2312 - 80。字节是二进制数据的单位。一个汉字是 2 个字节。

2.1.6　IP 地址和 MAC 地址

IP 地址（Internet Protocol Address）是一种在 Internet 上的给主机统一编址的地址格式,也称为网络协议（IP 协议）地址。它为互联网上的每一个网络和每一台主机分配一个逻辑地址,常见的 IP 地址,分为 IPv4 和 IPv6 两大类,当前广泛应用的是 IPv4。因 IPv4 公网

地址几乎耗尽,下一阶段必然会进行版本升级到 IPv6,如无特别注明,一般我们讲的 IP 地址所指的是 IPv4。

一、公网地址和私网地址

公网 IP 是指用公网连接互联网的非保留地址,可以通过公网 IP 与互联网上的其他计算机互相访问。

随着互联网的广泛使用,IP 地址面临越来越接近枯竭的现象,为了有效使用互联网的地址,国际互联网组织委员会,专门从公共的 IP 地址中,划分出了 3 块 IP 地址空间(1 个 A 类地址段,16 个 B 类地址段,256 个 C 类地址段)作为私有网络的内部使用的 IP 地址。不同局域网之间的 IP 是可以重复的,这就一定程度上提升了 IP 地址的利用率。

公网 IP 地址用于公共网络(互联网),而私网 IP 地址用于私有或本地 LAN 网络。公网 IP 地址在全球范围内是唯一的,而私网 IP 地址仅在家庭网络中是唯一的。公网 IP 地址在网上可见,私网 IP 地址在 Internet 上无法识别,如图 2 - 20 所示。公网 IP 地址通常需要付费,而私网 IP 地址是免费的。

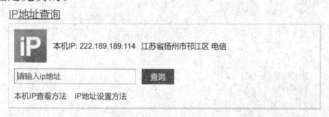

图 2 - 20　查询本机公网 IP 地址

二、IP 地址格式和表示

IP 地址对应于 OSI 参考模型的第三层网络层,IP 地址(IPv4)由 32 位二进制数组成,分为 4 段(4 个字节),每一段为 8 位二进制数(1 个字节),中间使用英文的标点符号"."隔开,这种表示方法称为点分十进制。

由于二进制数太长,为了便于记忆和识别,把每一段 8 位二进制数转成十进制,大小为 0—255。IP 地址表示为:x.x.x.x。例如:210.21.196.6 就表示一个 IP 地址。

三、IP 地址的组成

IP 地址由两部分组成,一部分为网络位,一部分为主机位,同一网段内的网络位相同,主机不同,如图 2 - 21 所示。路由器连接不同网段,负责不同网段之间的数据转发,交换机连接的是同一网段的计算机。通过设置网络地址和主机地址,在整个网络中保证每台主机的 IP 地址不会互相重叠,即 IP 地址具有唯一性。

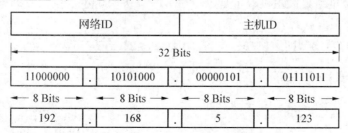

图 2 - 21　IP 地址组成结构

四、MAC 地址

为了标识局域网中的主机,需要给每台主机上的网卡分配一个唯一的通信地址,即物理地址,也称为硬件地址或 MAC 地址。

以太网卡的 MAC 地址由 48 位二进制数(6 个字节)组成。其中,前 3 个字节(前 24 位)为 IEEE 分配给网络设备生产厂家的厂商代码,后 3 个字节(后 24 位)为厂商自行分配给网卡的编号。

MAC 地址通常用 12 个十六进制数来表示,每两个或每 4 个十六进制数为一组,组与组之间用冒号、横线或点号隔开,常见的表示方法有多种,如"48:5D:60:78:52:0C""48 -5D -60 -78 -52 -0C"或"485D.6078.520C"。MAC 地址具有全球唯一性,网卡在出厂前,其MAC 地址已被"烧"录到 ROM 中,所以一般无法更改。

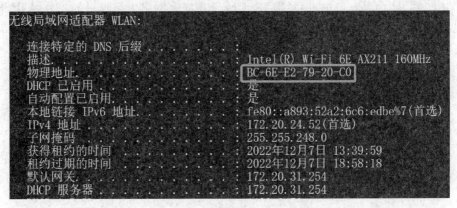

无线局域网适配器 WLAN:

连接特定的 DNS 后缀	
描述.	Intel(R) Wi-Fi 6E AX211 160MHz
物理地址.	BC-6E-E2-79-20-C0
DHCP 已启用.	是
自动配置已启用.	是
本地链接 IPv6 地址.	fe80::a893:52a2:6c6:edbe%7(首选)
IPv4 地址.	172.20.24.52(首选)
子网掩码.	255.255.248.0
获得租约的时间	2022年12月7日 13:39:59
租约过期的时间	2022年12月7日 18:58:18
默认网关.	172.20.31.254
DHCP 服务器.	172.20.31.254

图 2-22　查看本机的 MAC 地址

要在计算机上查看网卡的 MAC 地址,可在"命令提示符"窗口中输入"ipconfig /all",如图 2-22 所示。

五、IP 地址的分类

按有类地址划分,IP 地址分 A、B、C、D、E 五类,其中 A、B、C 这三类是比较常用的 IP 地址,D、E 类为特殊地址。

1. A 类地址

① A 类地址首位固定为 0,前 8 bit 是网络位,后 24 bit 是主机位。

② A 类地址范围:1.0.0.0—126.255.255.255,其中 0 和 127 作为特殊地址。

③ A 类网络默认子网掩码为 255.0.0.0,也可写作/8。

④ 每个 A 类网络最大主机数量是 $(2^{24}-2)$ 个(减去 1 个主机位为 0 的网络地址和 1 个广播地址)。

例如,21.150.79.200,网络位:21.0.0.0,广播地址:21.255.255.255。

注意:主机 ID 全部为 0 的地址为网络地址,而主机 ID 全部为 1 的地址为广播地址,这 2 个地址是不能分配给主机使用。

以 127 开始的 IP 地址是一个保留地址。如 127.0.0.1,它代表本地主机,用于网络软件测试及本地主机进程间通信,通常被称为环回地址。

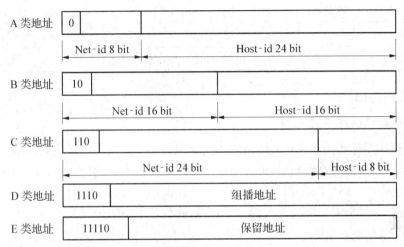

图 2-23　IP 地址中的网络号字段和主机号字段

2. B 类地址

① B 类地址前 2 bit 固定为 10,前 16 bit 是网络位,后 16 bit 是主机位。

② B 类地址范围:128.0.0.0—191.255.255.255。

③ B 类网络默认子网掩码为 255.255.0.0,也可写作/16。

④ 每个 B 类网络最大主机数量($2^{16}-2$)个。

例如,151.10.205.9,网络位:151.10.0.0,主机地址:151.10.255.255。

3. C 类地址

① C 类地址前 3 bit 固定为 110,前 24 bit 是网络位,后 8 bit 是主机位。

② C 类地址范围:192.0.0.0—223.255.255.255。

③ C 类网络默认子网掩码为 255.255.255.0,也可写作/24。

④ 每个 C 类网络最大主机数量 $2^8-2=254$。

例如,202.168.9.88,网络位:202.168.9.0,主机地址:202.168.9.255。

4. D 类地址

① D 类地址不分网络地址和主机地址,前 4 bit 固定为 1110。

② D 类地址用于组播的地址,无子网掩码。

③ D 类地址范围:224.0.0.0—239.255.255.255。

5. E 类地址

E 类地址是一个通常不用的实验性地址,保留作为以后使用。其中 240.0.0.0—255.255.255.254作为保留地址,255.255.255.255 作为广播地址。

私有 IP 地址则是在局域网中使用的 IP 地址。私有 IP 地址是一段保留的 IP 地址。只使用在局域网中,无法在 Internet 上使用,A、B、C 三类地址中私有地址范围如表 2-7 所示。

表 2-7　私有地址范围

类别	IP 范围	私有地址范围	保留地址
A	1.0.0.0～126.255.255.255	10.0.0.0～10.255.255.255	127.0.0.0～127.255.255.255
B	128.0.0.0～191.255.255.255	172.16.0.0～172.31.255.255	169.254.0.0～169.254.255.255
C	192.0.0.0～223.255.255.255	192.168.0.0～192.168.255.255	无

六、子网掩码

1. 子网掩码的概念及作用

子网掩码用来指明一个 IP 地址的哪些位标识的是主机所在的子网,以及哪些位标识的是主机的位掩码。子网掩码与 IP 地址结合使用的一种技术。它的主要作用有两个,一是用于屏蔽 IP 地址的一部分以区别网络标识和主机标识,并说明该 IP 地址是在局域网上,还是在远程网络上。二是用于将一个大的 IP 网络划分为若干小的子网络。

2. 子网掩码的组成

同 IP 地址一样,子网掩码是由长度为 32 位二进制数组成的一个地址。子网掩码 32 位与 IP 地址 32 位相对应,IP 地址如果某位是网络地址,则子网掩码为 1,否则为 0。与二进制 IP 地址相同,子网掩码由 1 和 0 组成,且 1 和 0 分别连续。其对应网络地址的所有位都置为 1,对应于主机地址的所有位置都为 0。

3. 子网掩码的表示方法

子网掩码一定是配合 IP 地址来使用的。对于常用网络 A、B、C 类 IP 地址其默认子网掩码的二进制与十进制对应关系如表 2-8 所示。

子网掩码工作过程:将 32 位的子网掩码与 IP 地址进行二进制形式的按位逻辑"与"运算得到的便是网络地址,将子网掩码二进制的非的结果和 IP 地址二进制进行逻辑"与"运算,得到的就是主机地址。192.168.10.11 AND 255.255.255.0,结果为 192.168.10.0,其表达的含义为该 IP 地址属于 192.168.10.0 这个网络,其主机号为 11,即这个网络中编号为 11 的主机。

表 2-8　默认子网掩码

类型	网络掩码(二进制表示)	网络掩码(十进制表示)
A 类	11111111.00000000.00000000.00000000	255.0.0.0
B 类	11111111.11111111.00000000.00000000	255.255.0.0
C 类	11111111.11111111.11111111.00000000	255.255.255.0

（1）点分十进制表示法

二进制转换十进制,每 8 位用点号隔开。

例如,子网掩码二进制 11111111.11111111.11111111.10000000,表示为 255.255.255.128。

（2）斜线记法

斜线记法的格式为 ip/n,其中 n 为 1 到 32 的数字,表示子网掩码中网络号的长度,即表示连续的"1"的个数。

例1 192.168.1.100/24,其子网掩码表示为255.255.255.0,二进制"展开"表示为11111111.11111111.11111111.00000000。

例2 172.16.198.12/20,其子网掩码表示为255.255.240.0,二进制"展开"表示为11111111.11111111.11110000.00000000。

（3）计算网络地址

根据IP地址和子网掩码计算网络地址,其中IP地址为192.168.10.215,子网掩码为255.255.255.0,如图2-24所示,步骤如下:

第一步　将IP地址与子网掩码转换成二进制数。

第二步　将二进制形式的IP地址与子网掩码做"与"运算。

第三步　将得出的结果转化为十进制,便得到网络地址。

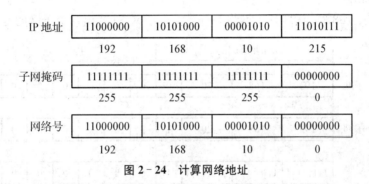

图2-24　计算网络地址

2.1.7　可变长子网划分

有类网络就是指把IP地址能归结到的A类、B类、C类IP,使用的是默认子网掩码。IP地址如果只使用有类（A、B、C类）来划分,会造成大量地浪费或者不够用。

无类网络是相对于有类网络,无类网络IP地址的掩码是变长的。在有类网络的基础上,拿出一部分主机ID作为子网ID。

一、VLSM基本思想

有类网络的划分不能解决IP地址的浪费和按需分配,VLSM（Variable Length Subnet Mask,可变长子网掩码）规定了在一个有类（A、B、C类）网络内包含多个子网掩码的能力,以及对一个子网的再进行子网划分的能力。

通过VLSM实现子网划分的基本思想:就是借用现有网段的主机位的最左边某几位作为子网位,划分出多个子网。

（1）把原来有类网络IPv4地址中的"网络ID"部分向"主机ID"部分借位。

（2）把一部分原来属于"主机ID"部分的位变成"网络ID"的一部分（通常称之为"子网ID"）。

（3）原来的"网络ID"＋"子网ID"＝新"网络ID"。"子网ID"的长度决定了可以划分子网的数量,如图2-25所示。

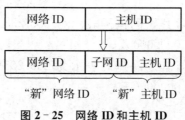

图 2-25　网络 ID 和主机 ID

二、等长子网和变长子网划分

1. 等长子网

等长子网划分就是将一个有类网络等分成多个网络,也就是等分成多个子网,所有子网的子网掩码都相同。

例　将 192.168.20.0/24 这个网络等分成 2 个子网,并写出每个子网的地址信息。

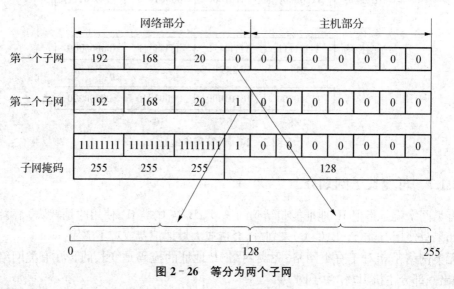

图 2-26　等分为两个子网

分析　该网络子网掩码为/24,要划分为 2 个子网,要借用主机位 1 位作为子网位。因为二进制数 0 和 1 按排列组合只有这 2 种情况,即 0 和 1,如图 2-26 所示。

借用主机 1 位,所以子网掩码+1 位,由原来的 255.255.255.0(/24)变为 255.255.255.128(/25)。主机数用 n 表示,$n=7$,每个子网的可用主机数为 $2^7-2=126$ 个,最后结果如表 2-9 所示。同理可等分 4 个和 8 个子网。

表 2-9　划分结果

子网	广播地址	有效主机地址范围	子网掩码
第一个子网	192.168.20.127	192.168.20.1—192.168.20.126	255.255.255.128
第二个子网	192.168.20.255	192.168.20.129—192.168.20.254	255.255.255.128

2. 变长子网划分

VLSM 规定了如何在一个子网中,对不同子网进行进一步的划分。分别取不同等分子网中的某个或者多个子网,这种划分子网的方式叫变长子网划分。

例如,某公司申请了一个 C 类 192.168.10.0/24 的 IP 地址空间;该公司有 79 名员工在生产部工作,33 名员工在研发部门,17 名员工在销售部门。要求网络管理员分别为销售部门、研发部门和生产部门组建子网。

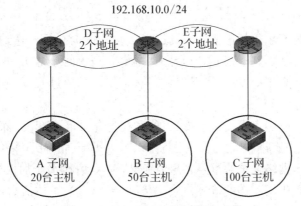

图 2-27　C 类网络变长子网掩码划分

针对 A 子网,可用主机数量必须大于等于 20 台,所以 $2^n \geqslant 20$,所以 n 最小为 5,网络位借用主机 3 位,掩码为 /27。

针对 B 子网,可用主机数量必须大于等于 50 台,所以 $2^n \geqslant 50$,所以 n 最小为 6,网络位借用主机 2 位,掩码为 /26。

针对 C 子网,可用主机数量必须大于等于 100 台,所以 $2^n \geqslant 100$,所以 n 最小为 7,网络位借用主机 1 位,掩码为 /25。

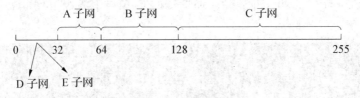

图 2-28　子网划分示意图

针对 D 和 E 子网,可用主机数量必须大于等于 2 台,所以 $2^n \geqslant 2$,所以 n 最小为 1,掩码为 /30。所以最后的划分结果如表 2-10 所示。

表 2-10　C 类网络变长子网划分结果

子网	网络地址	有效主机地址范围	子网掩码
A 子网	192.168.10.32	192.168.10.32—192.168.10.62	255.255.255.224
B 子网	192.168.10.64	192.168.10.65—192.168.10.126	255.255.255.192

续 表

子网	网络地址	有效主机地址范围	子网掩码
C 子网	192.168.10.128	192.168.10.129—192.168.10.254	255.255.255.128
D 子网	192.168.10.0	192.168.10.1—192.168.10.2	255.255.255.252
E 子网	192.168.10.4	192.168.10.5—192.168.10.6	255.255.255.252

2.1.8 IPv6

随着计算机和智能手机的迅速普及,截至 2021 年,全球的网民达到 46.6 亿,越来越多的人使用互联网,这就意味着所需的 IP 地址越来越多。自此,全球 IPv6 的使用量持续增长。最近,谷歌最新的 IPv6 测量显示,截至 2022 年 4 月 30 日,通过 IPv6 连接到谷歌服务的用户比例首次超过 40%。

日前,中央网信办、国家发展改革委、工业和信息化部联合印发《深入推进 IPv6 规模部署和应用 2023 年工作安排》。通知要求,坚持以习近平新时代中国特色社会主义思想特别是习近平总书记关于网络强国的重要思想为指导,深入实施《关于加快推进互联网协议第六版(IPv6)规模部署和应用工作的通知》,突出创新赋能,激发主体活力,夯实产业基础,增强内生动力,完善安全保障,扎实推动 IPv6 规模部署和应用向纵深发展,加快实现网络性能从趋同向优化转变、从端到端能用向好用转变、从表层改造向深度支持转变、从用户数量向使用质量转变、从外部推动向内生驱动转变,全面提升 IPv6 发展水平。

一、IPv6 地址结构及表示方法

IPv6 的地址长度为 128 位,共 8 组每组 16 位,是 IPv4 地址长度的 4 倍。IPv6 是一个超大地址空间,IPv4 点分十进制格式不再适用,而是采用十六进制表示。IPv6 有 3 种表示方法,分别是首选格式、压缩格式、内嵌 IPv4 地址的 IPv6 地址表示。

要在计算机上查看 IPv6 地址,可在"命令提示符"窗口中输入"ipconfig /all",如图 2-29 所示。

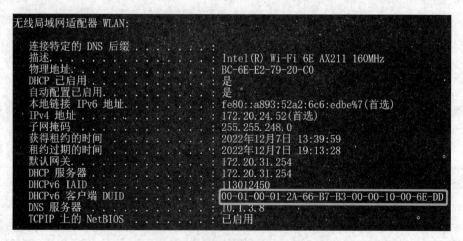

```
无线局域网适配器 WLAN:

   连接特定的 DNS 后缀 . . . . . . . :
   描述. . . . . . . . . . . . . . . : Intel(R) Wi-Fi 6E AX211 160MHz
   物理地址. . . . . . . . . . . . . : BC-6E-E2-79-20-C0
   DHCP 已启用 . . . . . . . . . . . : 是
   自动配置已启用. . . . . . . . . . : 是
   本地链接 IPv6 地址. . . . . . . . : fe80::a893:52a2:6c6:edbe%7(首选)
   IPv4 地址 . . . . . . . . . . . . : 172.20.24.52(首选)
   子网掩码  . . . . . . . . . . . . : 255.255.248.0
   获得租约的时间  . . . . . . . . . : 2022年12月7日 13:39:59
   租约过期的时间  . . . . . . . . . : 2022年12月7日 19:13:28
   默认网关. . . . . . . . . . . . . : 172.20.31.254
   DHCP 服务器  . . . . . . . . . . . : 172.20.31.254
   DHCPv6 IAID . . . . . . . . . . . : 113012450
   DHCPv6 客户端 DUID  . . . . . . . : 00-01-00-01-2A-66-B7-B3-00-00-10-00-6E-DD
   DNS 服务器  . . . . . . . . . . . : 10.1.3.8
   TCPIP 上的 NetBIOS . . . . . . . . : 已启用
```

图 2-29　查看本机 IPv6 地址

1. 首选格式(冒分格式)

IPv6 的地址长度是 128 位(bit),将这 128 位的地址按每 16 位划分为一个段,将每个段转换成十六进制数字,并用冒号隔开。

例如,2000:0000:0000:0000:0001:2345:6789:abcd

2. 压缩格式

省略前导零。通过省略前导零指定 IPv6 地址,即每组 16 bit 的单元中多个前导 0 可以省略,但是如果 16 bit 单元的所有 bit 都是 0,那么就要至少保留一个 0 字符。例如,1050:0000:0000:0000:0005:0600:300c:326b 可写作 1050:0:0:0:5:600:300c:326b。

一个 IPv6 地址中,如果几个连续全为 0 的组可以用"::"表示。但每个地址中只能有一个"::",例如:

2001:0DB8:0000:0000:0008:0800:200C:417A→2001:DB8::8:800:200C:417A

ff06:0:0:0:0:0:0:c3→ff06::c3

0:0:0:0:0:0:0:1→::1

0:0:0:0:0:0:0:0→::

十六进制数字不区分大小写。例如:

2001:5ef5:79fb:b5:9ca5:a266:e06:80 与 2001:5EF5:79FB:B5:9CA5:A266:E068:80 相同。

3. 内嵌 IPv4 地址的 IPv6 地址表示

在这种表示方法中,IPv6 地址的第一部分使用十六进制表示,而 IPv4 地址部分是十进制格式,即前 6 组用首选格式的十六进制表示,后 2 组用十进制表示,通常表示为 x:x:x:x:x:x:d.d.d.d。例如:0:0:0:0:0:0:192.168.1.2,可以看出压缩格式的表示方法依旧适用。

二、地址类型

IPv6 协议主要定义了三种地址类型:单播地址(Unicast Address)、组播地址(Multicast Address)和任播地址(Anycast Address)。与 IPv4 地址相比,新增了"任播地址"类型,取消了原来 IPv4 地址中的广播地址,因为在 IPv6 中的广播功能是通过组播来完成的。

1. 单播地址

用来唯一标识一个接口,类似于 IPv4 中的单播地址。发送到单播地址的数据报文将被传送给此地址所标识的一个接口。

IPv6 单播地址与 IPv4 单播地址一样,都只标识了一个接口。单播地址包括四个类型:全局单播地址、本地单播地址、兼容性地址、特殊地址。

(1)全局单播地址:等同于 IPv4 中的公网地址,可以在 IPv6 Internet 上进行全局路由和访问。这种地址类型允许路由前缀的聚合,从而限制了全球路由表项的数量。

(2)本地单播地址:链路本地地址和唯一本地地址都属于本地单播地址,在 IPv6 中,本地单播地址就是指本地网络使用的单播地址,也就是 IPV4 地址中局域网专用地址。每个接口上至少要有一个链路本地单播地址,另外还可分配任何类型(单播、任播和组播)或范围的 IPv6 地址。

2. 组播地址

用来标识一组接口(通常这组接口属于不同的节点),类似于 IPv4 中的组播地址。发送到组播地址的数据报文被传送给此地址所标识的所有接口。

IPv6 组播地址可识别多个接口,对应于一组接口的地址(通常分属不同节点)。发送到组播地址的数据包被送到由该地址标识的每个接口。使用适当的组播路由拓扑,将向组播地址发送的数据包发送给该地址识别的所有接口。任意位置的 IPv6 节点可以侦听任意 IPv6 组播地址上的组播通信。IPv6 节点可以同时侦听多个组播地址,也可以随时加入或离开组播组。

IPv6 组播地址的最明显特征就是最高的 8 位固定为 1111 1111。IPv6 地址很容易区分组播地址,因为它总是以 FF 开始的。

3. 任播地址

用来标识一组接口(通常这组接口属于不同的节点)。发送到任播地址的数据报文被传送给此地址所标识的一组接口中距离源节点最近(根据使用的路由协议进行度量)的一个接口。

一个 IPv6 任播地址与组播地址一样也可以识别多个接口,对应一组接口的地址。大多数情况下,这些接口属于不同的节点。但是,与组播地址不同的是,发送到任播地址的数据包被送到由该地址标识的其中一个接口。

三、IPv6 报文格式

IPv6 数据报文有两个基本组成部分:IP 报头和有效载荷。IPv6 报文的整体结构分为 IPv6 报头、扩展报头和上层协议数据 3 部分。IPv6 报头是必选报文头部,长度固定为 40B,包含该报文的基本信息;扩展报头是可选报头,可能存在 0 个、1 个或多个,IPv6 协议通过扩展报头实现各种丰富的功能;上层协议数据是该 IPv6 报文携带的上层数据,可能是 ICMPv6 报文、TCP 报文、UDP 报文或其他可能报文。

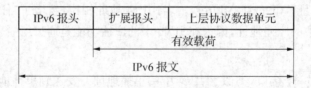

图 2-30　IPv6 的报文头部结构

其中各字段的含义如下:

1. IPv6 报头(IPv6 Header)

每一个 IPv6 数据报文都必须包含报头,其长度固定为 40 字节。

2. 扩展报头(Extension Headers)

IPv6 扩展报头是跟在基本 IPv6 报头后面的可选报头。IPv6 数据报文可以包含一个或多个扩展报头,也可以没有扩展报头。IPv6 报头和扩展报头代替了 IPv4 报头及其选项,增强了 IPv6 的功能及其扩展性。

3. 上层协议数据单元(Upper Layer Protocol Data Unit)

上层协议数据单元一般由上层协议报头和它的有效载荷构成,有效载荷可以是 ICMPv6 报文、TCP 报文、UDP 报文等。

四、IPv6 优势特点

与 IPv4 相比,IPv6 具有以下几个优势:

(1) IPv6 具有更大的地址空间。IPv4 中规定 IP 地址长度为 32,最大地址个数为 2^{32}; 而 IPv6 中 IP 地址的长度为 128,即最大地址个数为 2^{128}。与 32 位地址空间相比,其地址空间增加了 2^{96} 倍。

(2) IPv6 使用更小的路由表。IPv6 的地址分配一开始就遵循聚类(Aggregation)的原则,这使得路由器能在路由表中用一条记录(Entry)表示一片子网,大大减小了路由器中路由表的长度,提高了路由器转发数据包的速度。

(3) IPv6 增加了增强的组播(Multicast)支持以及对流的控制(Flow Control),这使得网络上的多媒体应用有了长足发展的机会,为服务质量(QoS,Quality of Service)控制提供了良好的网络平台。

(4) IPv6 加入了对自动配置(Auto Configuration)的支持。这是对 DHCP 协议的改进和扩展,使得网络(尤其是局域网)的管理更加方便和快捷。

(5) IPv6 具有更高的安全性。在使用 IPv6 网络中用户可以对网络层的数据进行加密并对 IP 报文进行校验,在 IPv6 中的加密与鉴别选项提供了分组的保密性与完整性,极大地增强了网络的安全性。

(6) 允许扩充。如果新的技术或应用需要时,IPv6 允许协议进行扩充。

(7) 更好的头部格式。IPv6 使用新的头部格式,其选项与基本头部分开,如果需要,可将选项插入基本头部与上层数据之间。这就简化和加速了路由选择过程,因为大多数的选项不需要由路由选择。

(8) 新的选项。IPv6 有一些新的选项来实现附加的功能。

五、应用前景

虽然 IPv6 在全球范围内还仅仅处于研究阶段,许多技术问题还有待于进一步解决,并且支持 IPv6 的设备也非常有限。但总体来说,全球 IPv6 技术的发展不断进行着,并且随着 IPv4 消耗殆尽,许多国家已经意识到了 IPv6 技术所带来的优势,特别是中国,通过一些国家级的项目,推动了 IPv6 下一代互联网全面部署和大规模商用。随着 IPv6 的各项技术日趋完美,其成本过高、发展缓慢、支持度不够等问题将很快得到解决。

2.2　项目设计

办公网络的最终目标是建设覆盖整个单位的互联、统一、高效、实用、安全的局域网络,近期可支持十几个,远期至少可支持上百个并发用户,提供广泛的资源共享(包括硬件、软件和信息资源的共享)。网络结构清晰、布线合理、充分考虑房间分布;局域网性能稳定、安全;软、硬件结合良好,满足单位或公司日常办公需要,方便资源共享、浏览,具备远程控制功能,为单位提供远程访问能力并包含安全认证系统;有良好的兼容性和可扩展性,具备单位局域网与其他单位局域网互联,甚至根据具体需求实现视频信号传输的能力。

2.3　项目实施

▶▶ 任务 2-1　Wireshark 的使用

Wireshark 是一个网络封包分析软件,其功能是截取网络封包,并尽可能显示出最为详细的网络封包资料。对于网络上的异常流量行为,Wireshark 不会产生警示或是任何提示。然而,仔细分析 Wireshark 截取的封包能够帮助使用者对于网络行为有更清楚的了解。Wireshark 不会对网络封包产生内容的修改,它只会反映出流通的封包资讯。Wireshark 本身也不会送出封包至网络上。

一、安装 Wireshark

软件下载路径:https://www.wireshark.org/。按照系统版本选择下载,下载完成后,按照软件提示一路"Next"安装。

如果当前是 Windows 10 系统,安装完成后,选择抓包但是不显示网卡,下载 Win10pcap 兼容性安装包。下载路径:http://www.win10pcap.org/download/。

二、Wireshark 抓包界面介绍

Wireshark 抓包界面主要包括菜单栏,工具栏、过滤栏、数据列表区等,如图 2-31 所示。

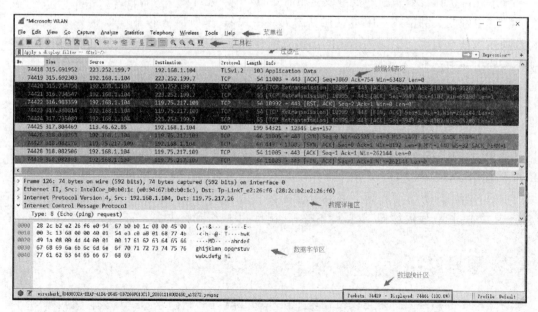

图 2-31　Wireshark 抓包界面

数据包列表区中不同的协议使用了不同的颜色区分。协议颜色标识定位在菜单栏 View→Coloring Rules,如图 2 - 32 所示。

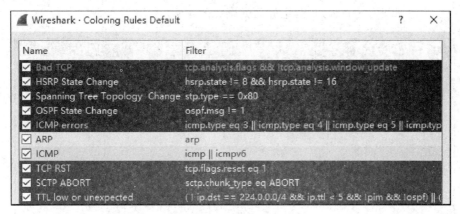

图 2 - 32　数据包列表区

数据包详细信息面板是最重要的,用来查看协议中的每一个字段,如图 2 - 33 所示。各行信息分别为:

① Frame:物理层的数据帧概况。

② Ethernet II:数据链路层以太网帧头部信息。

③ Internet Protocol Version 4:互联网层 IP 包头部信息。

④ Transmission Control Protocol:传输层 T 的数据段头部信息,此处是 TCP。

⑤ Hypertext Transfer Protocol:应用层的信息,此处是 HTTP 协议。

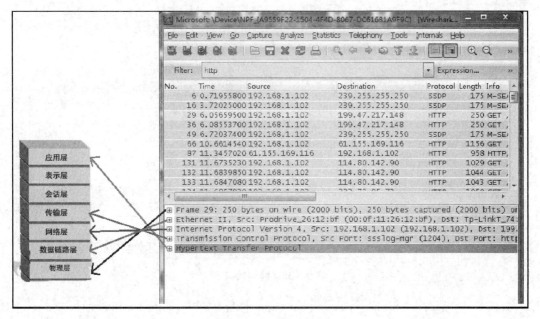

图 2 - 33　数据包详情

三、抓包示例

下面使用 Wireshark 工具抓取 ping 命令操作的示例,感受一下抓包的具体过程。

第一步　打开 Wireshark3.6.2,主界面如图 2－34 所示。

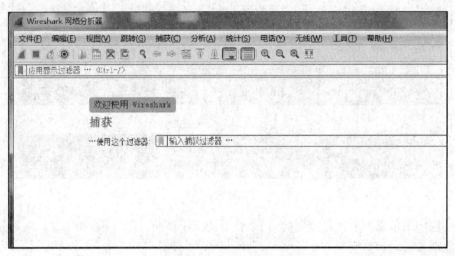

图 2－34　Wireshark 首页

第二步　选择菜单栏上 Capture→Option,勾选 WLAN 网卡(这里需要根据各自电脑网卡使用情况选择,简单的办法可以看使用的 IP 对应的网卡)。点击 Start,启动抓包,如图 2－35所示。

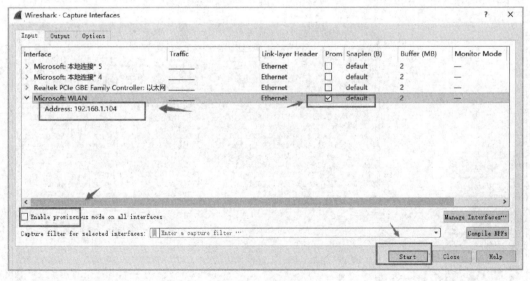

图 2－35　捕捉端口

第三步　Wireshark 启动后,Wireshark 处于抓包状态中,如图 2－36 所示。

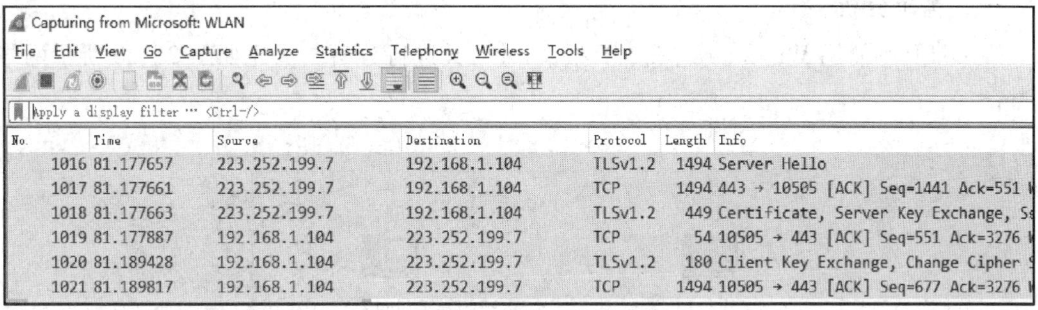

图 2—36　Wireshark 抓包状态

第四步　执行需要抓包的操作,如在 cmd 窗口下执行 ping www.baidu.com。

根据抓取的数据包,分析 TCP 协议数据包源端口、目的端口、序列号、确认号、各种标志位等字段。

图 2-37　数据包列表过滤

操作完成后相关数据包就抓取到了。为避免其他无用的数据包影响分析,可以通过在过滤栏设置过滤条件进行数据包列表过滤,获取结果如下。说明:ip.addr == 119.75.217.26 and icmp 表示只显示 icmp 协议且源主机 IP 或者目的主机 IP 为 119.75.217.26 的数据包,其中协议名称 icmp 要小写,如图 2-37 所示。

任务2-2　Wireshark 抓包分析网络协议

使用抓包工具捕获网络中通信的报文,对抓获的报文进行分析,对应协议结构理出各字段的内容,解读其含义。

一、需求分析

在 eNSP 中使用 Wireshark 捕获 IP 报文，并对其进行分析。构建如图 2-38 所示网络拓扑图。

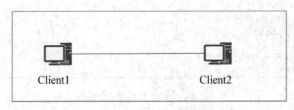

图 2-38　拓扑图

二、实施步骤

第一步　开启 eNSP 后，将看到如下界面。左侧面板中的图标代表 eNSP 所支持的各种产品及设备。中间面板则包含多种网络场景的样例，如图 2-39 所示。

图 2-39　eNSP 界面

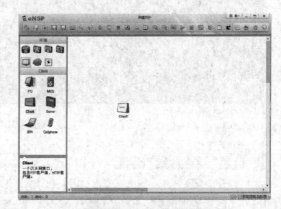

图 2-40　创建 PC 图标

单击窗口左上角的"新建"图标，创建一个新的实验场景。在左侧面板顶部，单击"终端"图标。在显示的终端设备中，选中"PC"图标，把图标拖动到空白界面上，如图 2-40 所示。

使用相同步骤，再拖动一个 PC 图标到空白界面上，建立一个端到端网络拓扑。PC 设备模拟的是终端主机，可以再现真实的操作场景。

第二步　建立一条物理连接。在左侧面板顶部，单击"设备连线"图标。在显示的媒介中，选择"Copper (Ethernet)"图标。单击图标后，光标代表一个连接器。单击客户端设备，会显示该模拟设备包含的所有端口。单击"Ethernet 0/0/1"选项，连接此端口，如图 2-41 所示。

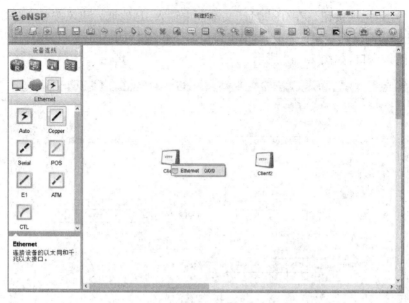

图 2‑41 连接终端

单击另外一台设备并选择"Ethernet 0/0/1"端口作为该连接的终点,此时,两台设备间的连接完成。可以观察到,在已建立的端到端网络中,连线的两端显示的是两个红点,表示该连线连接的两个端口都处于 Down 状态。

第三步 进入终端系统配置界面,配置终端设备。右击一台终端设备,在弹出的属性菜单中选择"设置"选项,查看该设备的系统配置信息。弹出的设置属性窗口包含"基础配置""命令行""组播"与"UDP 发包工具"四个标签页,分别用于不同需求的配置,如图 2‑42 所示。

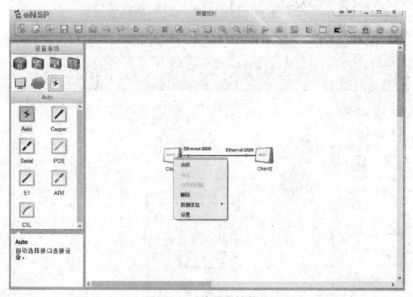

图 2‑42 终端属性菜单

第四步 选择"基础配置"标签页,在"主机名"文本框中输入主机名称。在"IPv4 配置"

区域,单击"静态"选项按钮。在"IP 地址"文本框中输入 IP 地址。建议按照如图 2-43 所示配置 IP 地址及子网掩码。配置完成后,单击窗口右下角的"应用"按钮。再单击"Client1"窗口右上角的关闭该窗口,如图 2-43 所示。

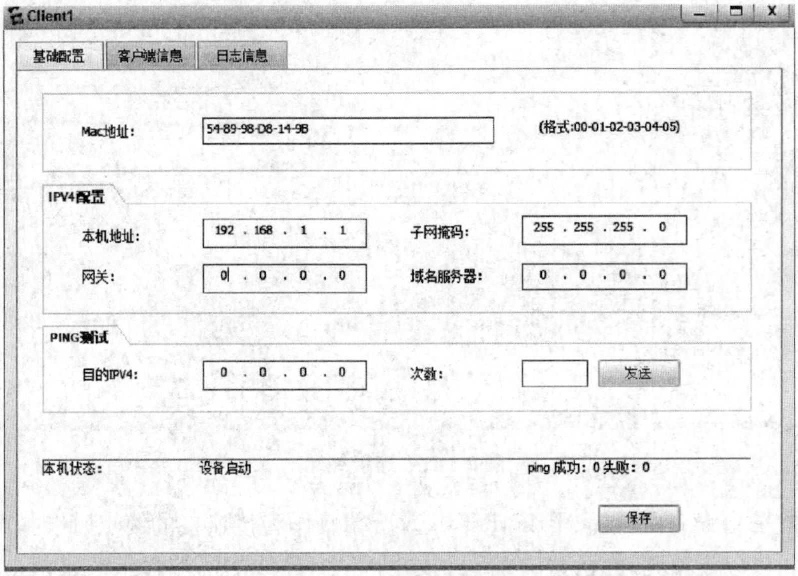

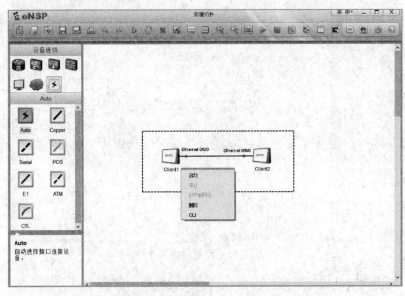

图 2-43　基础配置界面

使用相同步骤配置 Client2。建议将 Client2 的 IP 地址配置为 192.168.1.2,子网掩码配置为 255.255.255.0。完成基础配置后,两台终端系统可以成功建立端到端通信。

第五步　启动终端系统设备。可以使用以下两种方法启动设备:

➢ 右击一台设备,在弹出的菜单中,选择"启动"选项,启动该设备。

➢ 拖动光标选中多台设备(如下图),通过右击显示菜单,选择"启动"选项,如图 2-44 所示。

图 2-44　启动终端系统设备

设备启动后,线缆上的红点将变为绿色,表示该连接为 Up 状态。当网络拓扑中的设备变为可操作状态后,可以监控物理链接中的接口状态与介质传输中的数据流。

第六步 捕获接口报文。选中设备并右击,在显示的菜单中单击"数据抓包"选项后,会显示设备上可用于抓包的接口列表。从列表中选择需要被监控的接口,如图 2 - 45 所示。

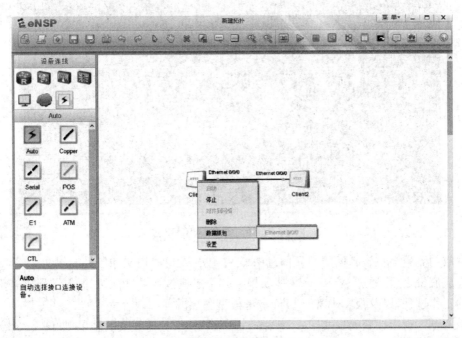

图 2 - 45 捕获接口报文

接口选择完成后,Wireshark 抓包工具会自动激活,捕获选中接口所收发的所有报文。如需监控更多接口,重复上述步骤,选择不同接口即可,Wireshark 将会为每个接口激活不同实例来捕获数据包。

根据被监控设备的状态,Wireshark 可捕获选中接口上产生的所有流量,生成抓包结果。在本实例的端到端组网中,需要先通过配置来产生一些流量,再观察抓包结果。

第七步 生成接口流量可以使用以下两种方法打开命令行界面:

① 双击设备图标,在弹出的窗口中选择"命令行"标签页。

② 右击设备图标,在弹出的属性菜单中,选择"设置"选项,然后在弹出的窗口中选择"命令行"标签页。

触发流量最简单的方法是使用 ping 命令发送 ICMP 报文。在命令行界面输入 ping <ip address>命令,其中<ip address>设置为对端设备的 IP 地址,如图 2 - 46 所示。

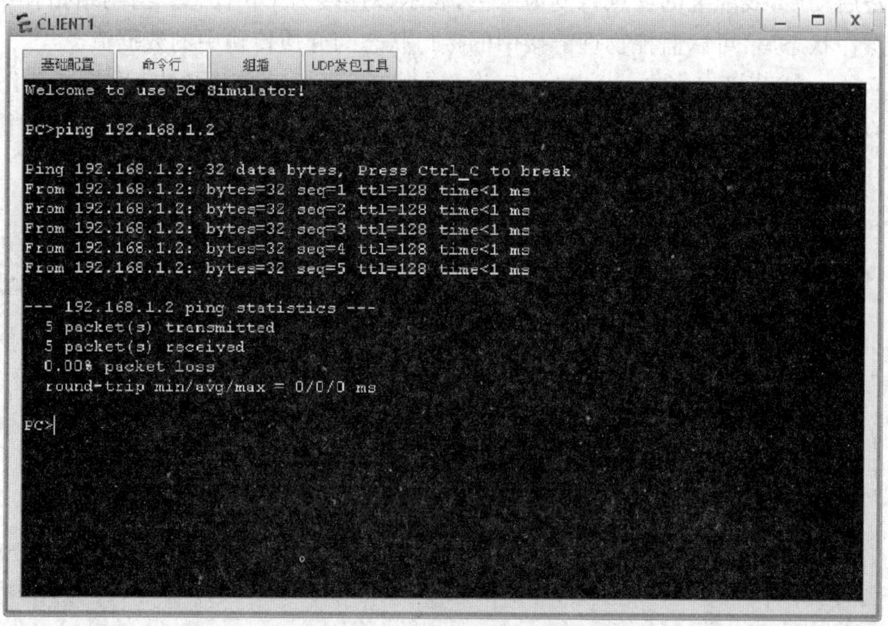

图 2-46 ping 命令发送 ICMP 报文

生成的流量会在该界面的回显信息中显示,包含发送的报文和接收的报文。

生成流量之后,通过 Wireshark 捕获报文并生成抓包结果,可以在抓包结果中查看到 IP 协议的工作过程,以及报文中基于 OSI 参考模型各层的详细内容。

第八步 观察捕获的报文。查看 Wireshark 所抓取到的报文的结果,如图 2-47 所示。

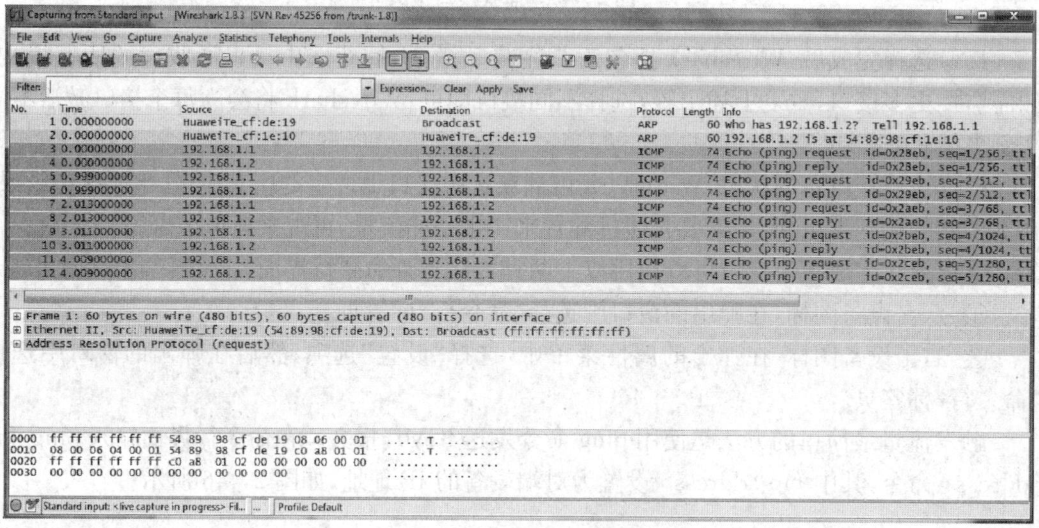

图 2-47 Wireshark 抓取到的报文结果

⫸ 任务 2 - 3　TCP 三次握手抓包

使用 Wireshark 抓包工具,体验 TCP/IP 协议 3 次握手过程。

一、模拟环境

用 eNSP 模拟器上搭建如图 2 - 48 所示拓扑,需要一台交换机、一个 HTTP 客户端、一个 HTTP 服务器。

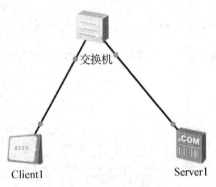

图 2 - 48　环境模拟

二、基础配置

分别创建一台交换机、服务器 Server1、客户端 Client1。客户端 Client1 配置 IP 地址为 192.168.10.10/24。

服务器 Server1 配置 IP 地址为 192.168.10.20/24,启动 HTTP 服务。

图 2 - 49　客户端—服务端基础配置

三、模拟客户端访问 HTTP 服务器上网的过程

在客户端 Client1 上输入服务器的地址:http://192.168.10.20:80,模拟客户端访问网站的过程,服务端开启 80 端口。

图 2‑50　开启 HTTP 端口

四、模拟器的交换机接口上启动 Wireshark 进行抓包

在抓包工具中输入"tcp.port == 80 || udp.port == 80",点击客户端的"获取",如图
2‑51所示。

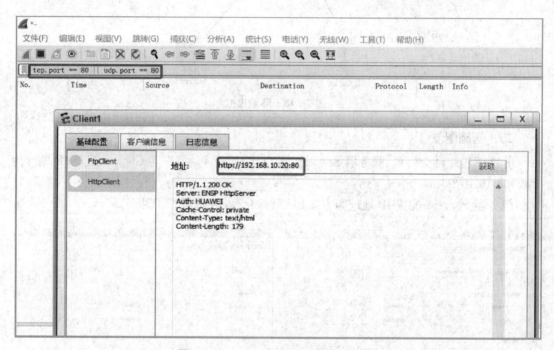

图 2‑51　Wireshark 抓包——条件筛选

第一次握手:Client1(通常也称为客户端)发送一个标识了 Flags:0x002, SYN=1 的数
据段,表示期望与服务器建立连接,TCP 规定 SYN=1 时不能携带数据,但要消耗一个序
号,因此声明自己的序号是 seq=0,如图 2‑52 所示。

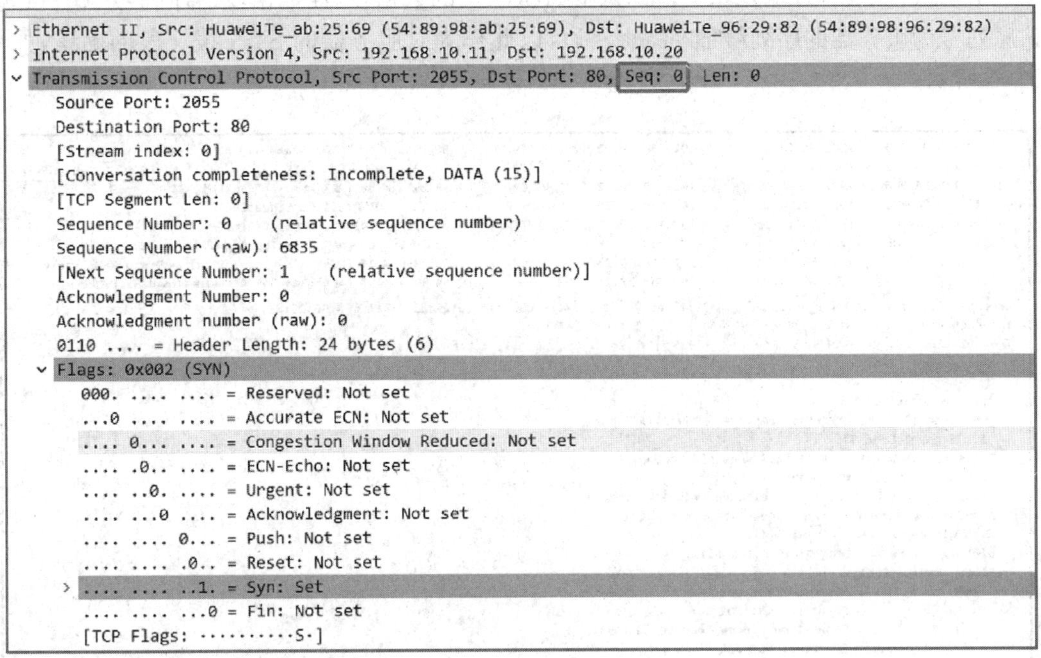

```
> Ethernet II, Src: HuaweiTe_ab:25:69 (54:89:98:ab:25:69), Dst: HuaweiTe_96:29:82 (54:89:98:96:29:82)
> Internet Protocol Version 4, Src: 192.168.10.11, Dst: 192.168.10.20
v Transmission Control Protocol, Src Port: 2055, Dst Port: 80, Seq: 0  Len: 0
    Source Port: 2055
    Destination Port: 80
    [Stream index: 0]
    [Conversation completeness: Incomplete, DATA (15)]
    [TCP Segment Len: 0]
    Sequence Number: 0    (relative sequence number)
    Sequence Number (raw): 6835
    [Next Sequence Number: 1    (relative sequence number)]
    Acknowledgment Number: 0
    Acknowledgment number (raw): 0
    0110 .... = Header Length: 24 bytes (6)
  v Flags: 0x002 (SYN)
      000. .... .... = Reserved: Not set
      ...0 .... .... = Accurate ECN: Not set
      .... 0... .... = Congestion Window Reduced: Not set
      .... .0.. .... = ECN-Echo: Not set
      .... ..0. .... = Urgent: Not set
      .... ...0 .... = Acknowledgment: Not set
      .... .... 0... = Push: Not set
      .... .... .0.. = Reset: Not set
    > .... .... ..1. = Syn: Set
      .... .... ...0 = Fin: Not set
      [TCP Flags: ··········S·]
```

图 2 - 52　TCP 第一次握手

第二次握手:服务器回复标识了 SYN=1,ACK=1 的数据段,此数据段的序列号 seq=0,确认序列号为客户端的序列号加 1(ack=1),以此作为对主机 A 的 SYN 报文的确认,如图 2-53 所示。

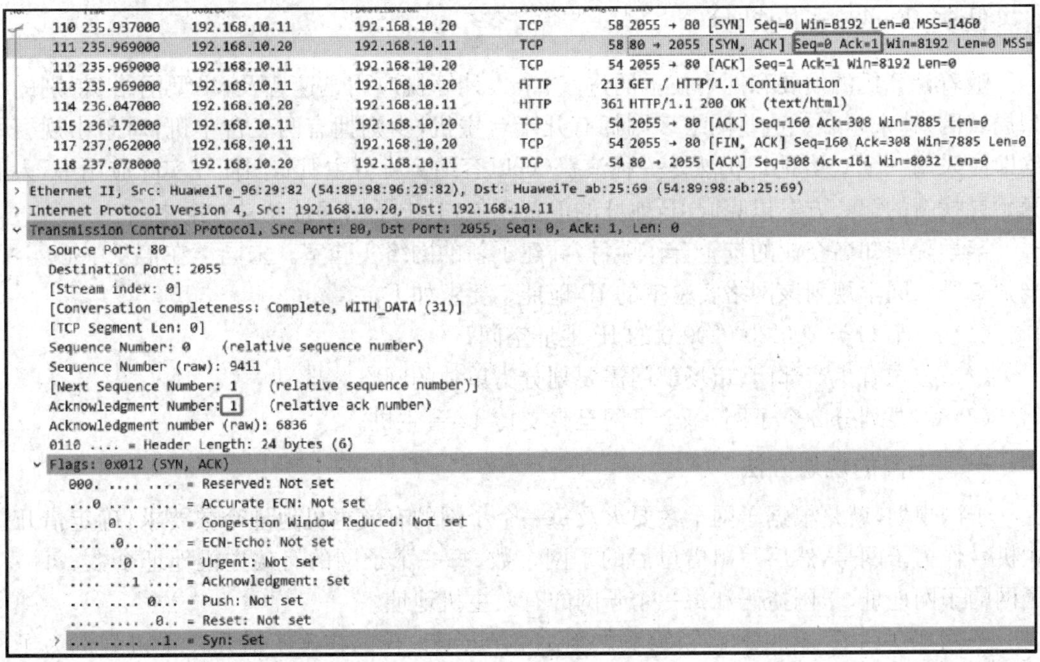

```
110 235.937000    192.168.10.11    192.168.10.20    TCP    58 2055 → 80 [SYN] Seq=0 Win=8192 Len=0 MSS=1460
111 235.969000    192.168.10.20    192.168.10.11    TCP    58 80 → 2055 [SYN, ACK] Seq=0 Ack=1 Win=8192 Len=0 MSS=
112 235.969000    192.168.10.11    192.168.10.20    TCP    54 2055 → 80 [ACK] Seq=1 Ack=1 Win=8192 Len=0
113 235.969000    192.168.10.11    192.168.10.20    HTTP   213 GET / HTTP/1.1 Continuation
114 236.047000    192.168.10.20    192.168.10.11    HTTP   361 HTTP/1.1 200 OK  (text/html)
115 236.172000    192.168.10.11    192.168.10.20    TCP    54 2055 → 80 [ACK] Seq=160 Ack=308 Win=7885 Len=0
117 237.062000    192.168.10.11    192.168.10.20    TCP    54 2055 → 80 [FIN, ACK] Seq=160 Ack=308 Win=7885 Len=0
118 237.078000    192.168.10.20    192.168.10.11    TCP    54 80 → 2055 [ACK] Seq=308 Ack=161 Win=8032 Len=0
> Ethernet II, Src: HuaweiTe_96:29:82 (54:89:98:96:29:82), Dst: HuaweiTe_ab:25:69 (54:89:98:ab:25:69)
> Internet Protocol Version 4, Src: 192.168.10.20, Dst: 192.168.10.11
v Transmission Control Protocol, Src Port: 80, Dst Port: 2055, Seq: 0, Ack: 1, Len: 0
    Source Port: 80
    Destination Port: 2055
    [Stream index: 0]
    [Conversation completeness: Complete, WITH_DATA (31)]
    [TCP Segment Len: 0]
    Sequence Number: 0    (relative sequence number)
    Sequence Number (raw): 9411
    [Next Sequence Number: 1    (relative sequence number)]
    Acknowledgment Number: 1    (relative ack number)
    Acknowledgment number (raw): 6836
    0110 .... = Header Length: 24 bytes (6)
  v Flags: 0x012 (SYN, ACK)
      000. .... .... = Reserved: Not set
      ...0 .... .... = Accurate ECN: Not set
      .... 0... .... = Congestion Window Reduced: Not set
      .... .0.. .... = ECN-Echo: Not set
      .... ..0. .... = Urgent: Not set
      .... ...1 .... = Acknowledgment: Set
      .... .... 0... = Push: Not set
      .... .... .0.. = Reset: Not set
    > .... .... ..1. = Syn: Set
```

图 2 - 53　TCP 第二次握手

第三次握手：客户端发送一个标识了 ACK＝1 的数据段,此数据段的序列号 seq＝1,确认序列号为服务器的序列号加 1(ack＝1),以此作为对服务器的 SYN 报文段的确认,如图 2-54所示。

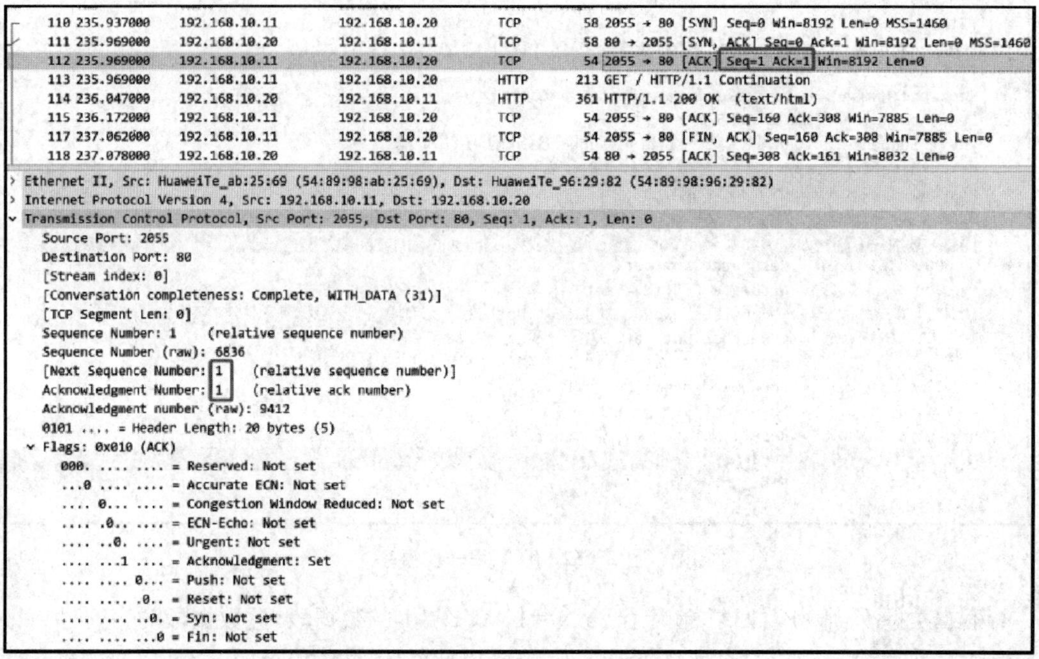

图 2-54　TCP 第三次握手

■▶ 任务 2-4　子网划分

随着计算机的发展和网络技术的进步,个人计算机应用迅速普及,小型网络(特别的小型局域网)越来越多。这些网络多则拥有几十台主机,少则拥有两三台主机,对于小规模网络即使采用一个 C 类地址仍然是一种浪费(可以容纳 254 台主机),因而在实际应用中,人们开始寻找新的解决方案以克服 IP 地址的浪费现象,其中子网编址就是方案之一。

某学院与知名企业的校企合作项目,共建了新的网络实验室。朱同学在信息中心实习,老师安排朱同学规划该网络实验室的 IP 地址。要求如下：

(1) 一个 C 类 200.200.200.0 的 IP 地址空间；

(2) 公司有生产部门、市场部门需要划分为单独的网络。

(3) 需要划分 2 个子网,每个子网至少支持 40 台主机。

一、子网的规划方法

子网规划,就是根据子网个数要求及每一个子网的有效主机地址个数要求,确定借几位主机号作为子网号,然后写出借位后的子网个数、每一个子网的有效主机地址个数、每一个子网的子网地址、子网掩码和每一个子网的有效主机地址。

子网规划和 IP 地址分配在网络规划中占有重要地位。在确定借几位主机号作为子网号时应使子网号部分产生足够的子网,而剩余的主机号部分能容纳足够的主机。

表 2-11　C 类网络子网划分对应关系表

子网号位数	子网数	主机数	子网掩码
2	2	62	255.255.255.192
3	6	30	255.255.255.224
4	14	14	255.255.255.240
5	30	6	255.255.255.248
6	62	2	255.255.255.252

从表 2-11 可以看出,子网位数为 4 位,子网掩码为 255.255.255.240,可以产生 14 个子网,每个子网容纳 14 台主机。

二、求出所需要的子网位数

对于一个 C 类地址 200.200.200.0/24,该网络子网掩码为/24,要划分为 2 个子网,要借用主机位 1 位作为子网位。

三、每个子网的主机个数

主机数用 n 表示,$n=7$,每个子网的有效主机数为 $2^7-2=126$ 个。

四、验证

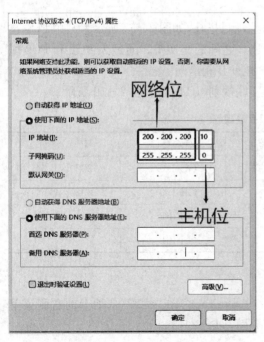

图 2-55　PC1 的 IP 地址

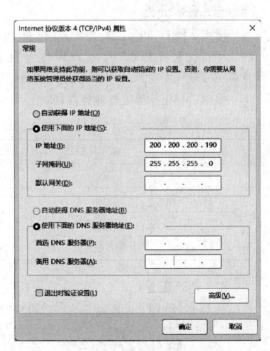

图 2-56　PC2 的 IP 地址

按住"Win+R",用 PC1 和 PC2 互 ping,结果为不通。接着修改 PC2 的 IP 为 200.200.200.100,子网掩码不变,发现能 ping 通。

任务 2-5　IPv6 地址分配

随着 IPv6 的普及，G 公司所在的智慧园区已全面升级为 IPv6 网络。G 公司部署的交换机、路由器均支持 IPv6，所以公司准备将公司的信息中心升级为 IPv6 网络，前期需要测试公司现有 PC 是否支持 IPv6。

网络工程师小蔡负责该测试任务，计划先使用信息中心的两台终端接入测试交换机（SW），测试公司网络是否支持 IPv6。本项目拓扑如图 2-57 所示。

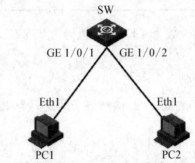

图 2-57　网络拓扑图

一、需求分析

使用 2 台 PC 以及 1 台新购置的交换机来搭建项目拓扑，如图 2-57 所示。其中 PC1 与 PC2 是 G 公司员工现有的 PC，SW 作为 PC1 与 PC2 之间的交换机。通过为 PC1 和 PC2 配置 IPv6 地址，实现 PC1 与 PC2 之间能通过 IPv6 地址互相访问。

根据项目拓扑图进行业务规划，相应的端口互联规划、IP 规划如表 2-12 所示。

表 2-12　端口互联规划

本端设备	本端接口	对端设备	对端接口	IPv6 地址
PC1	Eth1	SW	GE 1/0/1	2020::1/64
PC2	Eth1	SW	GE 1/0/2	2020::2/64
SW	GE 1/0/1	PC1	Eth1	
	GE 1/0/2	PC2	Eth1	

二、PC1 配置

第一步　如图 2-58 所示，打开"设置""网络和 Internet"，在"状态"选项卡的右侧菜单中单击"更改适配器设置"，进入"网络连接"配置界面，如图 2-58 所示。

图 2-58 "网络连接"配置界面

第二步 在"网络连接"配置界面中,右键选择需要配置的网络适配器,选择"属性",如图 2-59 所示。

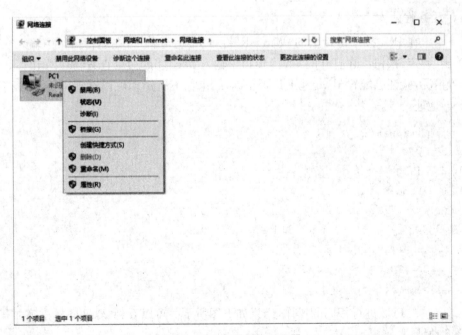

图 2-59 配置网络适配器

第三步 在网络适配器"属性"界面中,选择"Internet 协议版本 6(TCP/IPv6)",双击该选项,如图 2-60 所示。

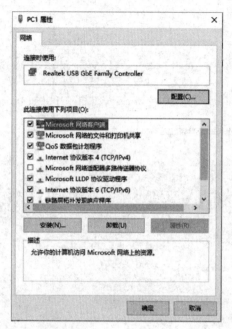

图 2－60 配置 IPv6 地址

第四步 为 PC1 配置"IPv6 地址"为"2020∶∶1"以及"子网前缀长度"为"64",单击"确定"按钮,IPv6 地址设置完毕。

三、任务验证

第一步 在 PC1 按下键盘上的"Win＋R"键,调出运行窗口,在运行窗口中输入"CMD"命令,单击"确定"按钮。在打开的 CMD 窗口中输入"ipconfig"命令查看物理网卡上 IPv6 地址的配置情况,验证已配置 IPv6 地址是否正确,结果如下所示。可以看到,PC1 已经正确加载了 IPv6 地址。

```
C:\Users\admin > ipconfig
Windows IP 配置
以太网适配器 PC1：
连接特定的 DNS 后缀 . . . . . . . ：
IPv6 地址 . . . . . . . . . . . . ：2020∶∶1
本地链接 IPv6 地址 . . . . . . . ：fe80∶∶8df1∶3700∶a071∶2ba％21
IPv4 地址 . . . . . . . . . . . . ：192.168.1.1
子网掩码 . . . . . . . . . . . . ：255.255.255.0
默认网关 . . . . . . . . . . . . ：
```

第二步 在 PC2 进行相同的操作,结果如下图所示。可以看到,PC2 同样正确加载了对应的 IPv6 地址。

```
C:\Users\admin > ipconfig
Windows IP 配置
以太网适配器 PC2：
   连接特定的 DNS 后缀 . . . . . . . ：
   IPv6 地址 . . . . . . . . . . . ：2020::2
   本地链接 IPv6 地址 . . . . . . ：fe80::493a:e06c:3e77:faa9%21
   IPv4 地址 . . . . . . . . . . . ：192.168.1.2
子网掩码 . . . . . . . . . . . . ：255.255.255.0
   默认网关 . . . . . . . . . . . ：
```

第三步　使用"ping"命令可以进行网络连通性测试。在 PC1 的 CMD 窗口中输入命令"ping 2020::2"测试 PC1 与 PC2 之间 IPv6 的连通性,结果如下图所示。可以看到 PC1 发送了 4 个测试数据包给 PC2,PC2 全部接收到并回应了 PC1,平均响应时间为 1 ms,PC1 和 PC2 基于 IPv6 的通信正常。

```
C:\Users\admin > ping 2020::2
正在 Ping 2020::2 具有 32 字节的数据:
来自 2020::2 的回复: 时间=2ms
来自 2020::2 的回复: 时间=1ms
来自 2020::2 的回复: 时间=2ms
2020::2 的 Ping 统计信息:
数据包: 已发送 = 4,已接收 = 4,丢失 = 0 (0% 丢失),往返行程的估计时间(以毫秒为单位):
最短 = 1ms,最长 = 2ms,平均 = 1ms
```

课后习题

一、选择题(单选题)

1. TCP/IP 模型中一共有(　　)层。
   A. 3　　　　　　　　B. 5　　　　　　　　C. 7　　　　　　　　D. 4

2. 在网络传输中对数据进行统一的标准编码是与 OSI(　　)层有关。
   A. 物理层　　　　　　　　　　　　B. 网络层
   C. 传输层　　　　　　　　　　　　D. 表示层

3. 数据传输中数据链路层的数据单位是(　　)。
   A. 报文　　　　　　B. 分组　　　　　　C. 数据报　　　　　　D. 帧

4. 欲通过因特网远程登录到一台主机 202.168.20.100,我们采用(　　)。
   A. Telnet　　　　　　B. FTP　　　　　　C. E-mail　　　　　　D. BBS

5. 负责提供可靠的端到端数据传输的是(　　)的功能。
   A. 传输层　　　　　　　　　　　　B. 网络层
   C. 应用层　　　　　　　　　　　　D. 数据链路层

6. OSI 七层模型中网络层的基本功能不包括(　　)。

A. 进行分组的路由　　　　　　　　　　　　B. 以分组为单位进行流量控制

C. 应用进程之间的通信　　　　　　　　　　D. 传输过程中确定分组的优先级

7. OSI 七层模型中传输层功能描述不正确的是（　　　）。

A. 在主机上提供与网络无关的端到端传输服务

B. 保证数据无差错地传输

C. 传输方式的分离

D. 提供路由选择和寻址

8. OSI 参考模型与 TCP/IP 模型之间的不同,其中描述正确的是（　　　）。

A. TCP/IP 模型的应用层功能完全对应于 OSI 参考模型的应用层功能

B. TCP/IP 模型的网络接口层包括了 OSI 参考模型中的数据链路层和物理层

C. 由于 TCP/IP 模型的分层较少,所以要比 OSI 简单

D. TCP/IP 和 OSI 分别用于不同的领域

9. 下面有关局域网技术的描述正确的是（　　　）。

A. 局域网标准仅涉及 OSI 七层模型的下两层功能

B. 在局域网中需要同时考虑路由和交换问题

C. 局域网网卡的物理地址是指 MAC 地址和 LLC 地址

D. MAC 地址和 LLC 帧的结构是完全相同的

10. 下面有关 TCP/IP 协议的描述不正确的是（　　　）。

A. 两台主机之间的通信需要通过封装和解封装两步操作

B. 将 TCP 协议封装后的数据称为报文段

C. 将 UDP 协议封装后的数据称为数据报

D. 用 UDP 封装的数据在传输过程中要比用 TCP 封装的数据可靠

11. 下面不属于 TCP/IP 网络接口层的协议是（　　　）。

A. IP　　　　　　　　B. ARP　　　　　　　C. DHCP　　　　　　D. TCP

12. 关于 TCP 和 UDP,下列说法错误的是（　　　）。

A. TCP 和 UDP 的端口是相互独立的

B. TCP 和 UDP 的端口是完全相同的,没有本质区别

C. 在利用 TCP 发送数据前,需要与对方建立一条 TCP 连接

D. 在利用 UDP 发送数据前,不需要与对方建立连接

13. IPv6 的地址长度为（　　　）。

A. 32　　　　　　　　B. 48　　　　　　　　C. 64　　　　　　　　D. 128

14. 在 OSI 参考模型中,位于网络层的下一层是（　　　）。

A. 物理层　　　　　　B. 应用层　　　　　　C. 数据链路层　　　D. 传输层

15. 在 OSI 参考模型中,物理层的数据协议单元是（　　　）。

A. 帧　　　　　　　　B. 报文　　　　　　　C. 分组　　　　　　　D. 比特序列

16. 从 IP 地址 195.100.20.11 中我们可以看出（　　　）。

A. 是一个 A 类网络的主机　　　　　　　　B. 是一个 B 类网络的主机

C. 是一个 C 类网络的主机　　　　　　　　D. 是一个保留地址

17. 十进制 86 转换成二进制的结果是（　　　）。

  A. 1010110   B. 1010111

  C. 1010010   D. 1110110

18. B 类地址的范围是（　　）

  A. 0—127（1.0.0.0—126.255.255.255）

  B. 128—191（128.0.0.0—191.255.255.255）

  C. 192—223（192.0.0.0—223.255.255.255）

  D. 224—255（224.0.0.0—255.255.255.2555）

19. 下列选项中不合法的子网掩码是（　　　）。

  A. 255.255.225.0   B. 255.255.255.0

  C. 255.255.255.128   D. 255.255.255.192

20. 192.168.1.0/24 使用掩码 255.255.255.240 划分子网,其可用子网数为（　　　）,每个子网内可用主机地址数为（　　　）。

  A. 14　14   B. 16　14   C. 254　6   D. 14　62

21. 某公司申请到一个 C 类 IP 地址,但要连接 6 个子公司,最大的一个子公司有 26 台计算机,每个子公司在一个网段中,则子网掩码应设为（　　　）。

  A. 255.255.255.0   B. 255.255.255.128

  C. 255.255.255.192   D. 255.255.255.224

22. 下列属于不合法的 IPv6 地址是（　　　）。

  A. 1080:0:0:0:8:800:200C   B. FC00:0000:130F::09C0:876A:130B

  C. ::1/128   D. ::192.168.121.11

23. 下列 IP 地址表示中,正确的是（　　　）。

  A. 192.168.115.10　255.255.255.0

  B. 192.168.115.10　255.254.255.0

  C. 192.168.115.10　255.255.0

  D. 192.168.115.10　255.255.255.125

二、简答题

1. 面向连接服务与无连接服务各有什么特点?

2. TCP/IP 参考模型有几层? 并简述 TCP 的三次握手。

3. 简述 OSI 模型与 TCP/IP 模型的区别。

4. 什么是 IP 地址,它由哪些部分组成?

5. IP 地址与 MAC 地址的区别是什么?

6. 128.14.32.0/20 包含了多少个地址,其最大地址和最小地址是什么?

7. 请画出 TCP/IP 模型的结构图。

8. IPv6 有哪些主要特征?

三、综合题

1. 公司申请了一个 201.96.68.0 的 C 类网址,试将其划分为 6 个逻辑子网,并完成如下要求：

（1）计算划分子网后共损失的 IP 地址个数。

（2）写出各个子网的开始与结束 IP 地址。

（3）写出子网的子网掩码。

2. 现需要对一个局域网进行子网划分，其中第一个子网包含 100 台计算机，第二个子网包含 80 台计算机，第三个子网包含 28 台计算机。如果分配给该局域网一个 B 类地址 169.78.0.0，请写出 IP 地址分配方案，并填写下表。

序号	广播地址	子网地址	每个子网有效主机地址范围	子网掩码（或简写/x）

项目三	多媒体教室组网

扫码可见本项目微课

随着技术的飞速发展,作为培养未来建设者基地的学校,率先承担了计算机应用、研究、开发和培训人才的义务,并建立了以教学为主的计算机教室。计算机应用于教育系统,不仅作为学生学习的对象,同时更是一种现代化的教学手段,充分利用计算机技术的优势,发挥计算机辅助教学的功能。学校在筹建网络教室时,应考虑能达到计算机教学和计算机辅助教学两方面的功能。

本项目主要介绍局域网基础知识,了解 IEEE802.3 协议、以太网的特性和常见的网络传输介质。

 学习要点

- 局域网协议标准
- 网络连接设备
- 认识以太网
- 虚拟局域网
- 传输介质

3.1 项目基础知识

局域网(Local Area Network,LAN)是最常见、应用最广的一种网络形式。随着整个计算机网络技术的发展和提高,局域网得到了充分的应用和普及,几乎每个单位都有自己的局域网,甚至有的家庭中都有自己的小型局域网。企业、学校、公共机房等不同场所,以太网是有线局域网建设的首选类型。正是因为以太网的普及,以太网标准也成为局域网的实际标准。局域网一般为一个部门或单位所有,建网、维护以及扩展等较容易,系统灵活性高。

3.1.1 局域网概述

一、局域网概述

局域网是 20 世纪 70 年代后迅速发展起来的计算机网络,在企业、机关、学校、家庭中得到广泛的应用,同时也是计算机、通信、电子、光电子和多媒体技术相互渗透、发展而形成的一门新兴学科分支,其理论方法和实践手段仍处在不断发展。

局域网是指在某一区域内由多台计算机互联而成的计算机组。一般范围在方圆几千米以内。局域网可以实现文件管理、应用软件共享、打印机共享、工作组内的日程安排、电子邮件和传真通信服务等功能。

二、局域网特征

> 通信延迟时间短,可靠性较高。

> 局域网可以支持多种传输介质,可根据不同需求选用多种通信介质,例如,双绞线、同轴电缆或光纤等。

> 地理范围一般不超过几公里,通常网络分布在一座办公大楼或集中的建筑群内,为单个组织所有。

> 通信速率高,传输速率一般为 10~100 Mbps,甚至 1 000 Mbps,能支持计算机间高速通信。

> 多采用分布式控制和广播式通信,可靠性高,误码率低。

> 易于安装、组建与维护,节点的增删容易,具有较好的灵活性。

3.1.2 局域网体系结构

在局域网中,为了实现多个设备共享单一信道资源,数据链路层首先需要解决多个用户争用共享介质问题,而将 OSI 参考模型应用于 LAN 时会出现一个问题:该模型的数据链路层不具备解决 LAN 中各站点争用共享介质问题的能力。

一、局域网参考模型

IEEE 802 委员会专门从事局域网的标准化工作,并制定了 IEEE 802 标准。参照 OSI 参考模型,制定了局域网参考模型。局域网参考模型仅包含 OSI 参考模型的物理层与数据链路层。

保持与 OSI 参考模型的一致性,在将 OSI 参考模型应用于 LAN 时,会将数据链路层划分为两个子层:逻辑链路控制(Logical Link Control, LLC)子层和介质访问控制(Media Access Control, MAC)子层。其中,MAC 子层处理 LAN 中各站点对通信介质的争用问题,LLC 子层屏蔽了各种 MAC 子层的具体实现,从而向网络层提供一致的服务。图 3-1 所示为 OSI 参考模型与 IEEE 802 模型的对应关系。

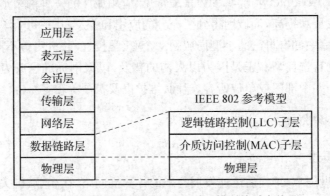

图 3-1　OSI 参考模型与 IEEE 802 模型的对应关系

二、IEEE802 标准

IEEE 802 标准已被美国国家标准协会 ANSI 接受为美国国家标准,随后又被国际标准化组织 ISO 采纳为国际标准,称为 ISO 802 标准。这些标准列举如下。

- ➢ IEEE 802.1 标准:局域网体系结构、网络互连,网络管理与性能测试等。
- ➢ IEEE 802.2 标准:定义了 LLC 子层的功能与服务。
- ➢ IEEE 802.3 标准:定义了 CSMA/CD 总线 MAC 子层与物理层规范。
- ➢ IEEE 802.4 标准:定义了令牌总线(Token Bus)MAC 子层与物理层规范。
- ➢ IEEE 802.5 标准:定义了令牌环(Token Ring)MAC 子层与物理层规范。
- ➢ IEEE 802.6 标准:定义了城域网 MAN MAC 子层与物理层规范。
- ➢ IEEE 802.7 标准:定义了宽带技术规范。
- ➢ IEEE 802.8 标准:定义了光纤技术规范。
- ➢ IEEE 802.9 标准:定义了综合语音与数据局域网技术规范。
- ➢ IEEE 802.10 标准:定义了可互操作的局域网安全性规范。
- ➢ IEEE 802.11 标准:定义了无线局域网技术规范。

3.1.3 局域网介质访问控制方式

介质访问控制(Medium Access Control,MAC)方法是指当局域网中共用信道的使用产生竞争时,分配信道使用权的方法。局域网中目前广泛使用以下两种介质访问控制方法:

(1) 争用型介质访问控制,又称随机型的介质访问控制协议,如 CSMA/CD 方式。

(2) 确定型介质访问控制,又称有序的访问控制协议,如 Token(令牌)方式。

一、CSMA/CD

CSMA/CD(Carrier Sense Multiple Access with Collision Detection)即载波侦听多路访问/冲突检测,是广播型信道中采用一种随机访问技术的竞争型访问方法,具有多目标地址的特点,采用 CSMA/CD 的以太网已是局域网的主流。CSMA/CD 采用分布式控制方法,所有节点之间不存在控制与被控制的关系,它处于一种总线型局域网结构,如图 3-2 所示。

图 3-2 碰撞检测

CSMA 协议要求站点在发送数据之前先监听信道。如果信道空闲,站点就可以发送数据;如果信道忙,则站点不能发送数据。但是,如果两个站点都检测到信道是空闲的,并且同时开始传送数据,那么这几乎会立即导致冲突。由于站点发送数据都是随机的,如果没有一个协议来规范,所有站点发送和接收数据都会发生冲突。

CSMA/CD 实际上可分为"载波侦听"和"冲突检测",其工作过程可以简单概况为:"先听后发,边听边发,冲突停发,随机重发"。具体工作过程简述如图 3 - 3 所示。

> 当一个节点准备发送数据时,它先检测网络,侦听信道状态:若信道忙则等待,直到信道空闲;若信道空闲,则发送准备好的数据。

> 在节点发送数据的同时,节点持续侦听信号,确定没有其他站点同时传输数据,才继续发送数据。

> 若有两个或多个节点同时发送数据,产生冲突,则立即停止发送数据,并发送一个加强冲突的信号,使网络上所有节点都获悉冲突的发生,然后等待一个预定的随机时间,在总线空闲时,再重新发送未发送完的数据。

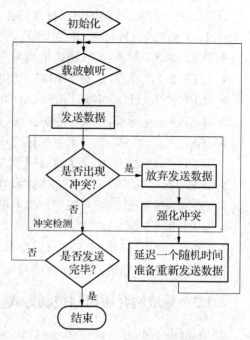

图 3 - 3　CSMA/CD 协议工作原理

二、令牌环防控控制方式

令牌环是一种适用于环形网络的分布式介质访问控制方式,已由 IEEE 802 委员会建议成为局域网控制协议标准之一,即 IEEE 802.5 标准。

在令牌环网中,令牌也叫通行证,它具有特殊的格式和标记。令牌有"忙(Busy)"和"空闲(Free)"两种状态。

主要缺点表现在传输信息包前必须要等待一个空令牌的到来,这样导致效率低;另一个是需要对令牌进行维护,一旦令牌丢失,环网便不能运行,所以在环路上要设置一个站点作为环上的监控站点,以保证环上有且仅有一个令牌,如图 3 - 4 所示。

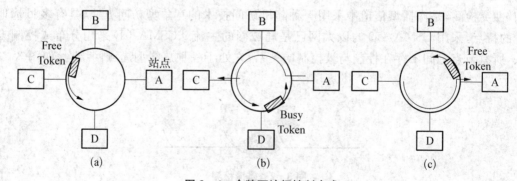

图 3 - 4　令牌环访问控制方式

三、令牌总线访问控制方法

令牌总线网综合了总线网络和令牌环网的优点,在物理总线结构中实现令牌传递控制方法,构成逻辑环路,这就是 IEEE 802.4 的令牌总线介质访问控制技术。因此,令牌总线网在物理上是一个总线网,采用同轴电缆或光纤作为传输介质;在逻辑上是一个环网,采用令牌来决定信息的发送,如图 3-5 所示。

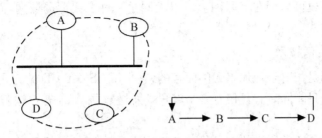

图 3-5　令牌总线访问控制方法工作流程图

在令牌总线网中,所有站点都按次序分配到一个逻辑地址,每个工作站点都知道在其之前的站点(前驱)和在其之后的站点(后继)标识,第一个站点的前驱是最后一个站点的标识,而且物理上的位置与其逻辑地址无关。

总线上的每一个工作站如果需发送数据,则必须要在得到令牌以后才能发送,即拥有令牌的站点才被允许在指定的一段时间内访问传输介质。当该站发送完信息,或是时间用完了,就将令牌交给逻辑位置上紧接在它后面的那个站点,那个站点由此得到允许数据发送权。这样既保证了发送信息过程中不发生冲突,又确保了每个站点都有公平访问权。

3.1.4　以太网技术

以太网是当今现有局域网采用的通用的通信协议标准,与 IEEE 802.3 系列标准相类似,它不是一种具体的网络,而是一种技术规范。该标准定义了在局域网中采用的电缆类型和信号处理方法,使用 CSMA/CD 技术,并以 10 Mbit/s 的数据传输速率运行在多种类型的电缆上。

一、以太网概念

以太网(Ethernet)指的是由施乐公司(Xerox)于 20 世纪 70 年代创建并由 Xerox、Intel 和 DEC 公司联合开发的基带局域网规范,是当今现有局域网采用的最通用的通信协议标准。以太网络使用 CSMA/CD 技术,与 IEEE 802.3 系列标准相类似。

以太网具有传输速度高、低耗、易于装置和兼容性好等方面的优势,目前被广泛使用。以太网是一种局域网,而局域网却不一定是以太网,只是由于目前大多数的局域网是以太网,所以在日常使用的有线网络中,以太网最为普遍。以太网和局域网的区别与联系有哪些呢?

(1)以太网和局域网不但存在分类的区别,它们两者之间的使用协议也存在区别。

分类的区别:以太网分类归为总线型局域网,而局域网的拓扑结构包括星型、树型、环型和总线型,局域网是四者的统称。

使用协议的区别:以太网通常采用 CSMA/CD 协议(即带冲突检测的载波监听多路访问协议),而局域网的使用协议多样,包括 TCP/IP 协议、IPX/SPX 协议、NetBEUI 协议等。

(2)以太网和局域网之间存在的联系

以太网是一种局域网。以太网很普及,电脑上的以太网接口、Wi-Fi 接口,以太网交换机、路由器上的千兆、万兆以太网口，还有网线，它们都是以太网的组成部分，以太网可以用在局域网、广域网，也可以用在互联网上。以太网是一种总线型局域网，而局域网的拓扑结构存在多种实现方式，包括星型、树形、环形、总线型等。

二、传统以太网技术

传统的以太网是相对于现代以太网而言的，它采用 CSMA/CD 的方式来传输数据，也就是在一个局域网内只能同时有且仅有一个客户端发送数据，其他客户端若要发送数据，必须等待一段时间。

传统以太网就是通常所说的 10 Mbit/s 以太网，IEEE 802.3 规定了 4 种规范，如图 3－6 所示。

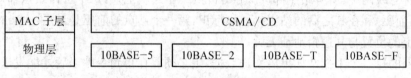

图 3－6　IEEE 802.3 的四种规范

1. 10BASE-2 规范（细缆网）

10BASE-2 网络是采用细同轴电缆并使用网卡内部收发器的以太网，网络拓扑结构为总线型，采用曼彻斯特编码方式。由于细同轴电缆衰减大，抗干扰能力较差，适用于距离短，较少分接头的场合。它的传输速率为 10 Mb/s，采用基带传输技术，每个网段的距离限制为 185 米。

2. 10BASE-5 规范（粗缆网）

10BASE-5 以太网使用粗同轴电缆。每个网段的最大传输距离为 500 m，每段最多站点数为 100 个，网段内两站点间距离不小于 2.5 m，网络最大跨距 2 500 m，通过中继器能连 5 个网段。

3. 10BASE-T 规范（双绞线网）

10BASE-T 是双绞线以太网，1990 年由 IEEE 认可，10 表示 10 兆比特每秒，BASE 表示基带传输，T 表示采用双绞线。例如 10 BASE-5，表示该以太网的带宽为 10 Mbit/s，以基带传输，最大传输距离为 500 m；而 10 BASE-T 表示带宽为 10 Mbit/s，以基带传输，传输介质为双绞线。

4. 10BASE-F 规范

网络采用光纤作为传输介质，传输 10 Mbit/s 的基带信号，F 表示光纤。10BASE-F 网络可用同步有源星状或无源星状结构来实现，最大网络长度分别为 500 m 和 200 m。

三、高速以太网

为了解决网络规模和网络性能之间的矛盾,改善局域网的性能,人们对网络技术进行了大量研究,针对传统以太网共享介质的特点,提出了以下 3 种改善局域网性能的方案。

➤提高以太网数据传输速率,从 10 Mbit/s 提高到 100 Mbit/s、1 000 Mbit/s 等,这就是高速以太网技术。

➤将大型局域网划分成多个子网,通过减少每个子网内部节点数的方法,使每个子网的性能得到改善。

➤将介质访问控制方法改为交换方式,用交换机替代集线器,这就是交换式网络。

1. 快速以太网

随着以太网技术的不断发展,出现了传输数据速率达到了 100 Mbit/s 的以太网,称为快速以太网(Fast Ethernet),其中,两种最重要的技术是 100 BASE-TX 和 100 BASE-FX。

表 3-1　快速以太网标准

名称	线缆	最大距离	优点
100 BASE-T4	双绞线	100 m	可以使用 3 类双绞线
100 BASE-TX	双绞线	100 m	全双工、5 类双绞线
100 BASE-FX	光缆	200 m	全双工、长距离

100 BASE-TX 支持 2 对五类非屏蔽双绞线(UTP)或 2 对一类屏蔽双绞线(STP)。其中 1 对用于发送,另 1 对用于接收,因此,100 BASE-TX 可以全双工方式工作,每个节点可以同时以 100 Mbps 的速率发送与接收数据。使用五类 UTP 的最大距离为 100 米。

100 BASE-FX 是使用光纤作为传输介质的,最常使用的是带有 ST 或者 SC 接头的光纤对,一个用于数据发送,一个用于数据接收,所以是全双工工作的。

2. 吉比特以太网

1996 年 3 月,IEEE 802 委员会成立了 IEEE 802.3z 工作组,专门负责千兆以太网及其标准(1000BASE-X 标准),并于 1998 年 6 月正式公布了关于千兆以太网的标准。该标准将光纤上的数据传输速率提升到全双工 1 Gbit/s,所以千兆以太网(Gigabit Ethernet)又称为吉比特以太网,表 3-2 为不同的千兆以太网标准。

表 3-2　不同的千兆以太网标准

标准	传输介质	信号源	说明
1000BASE-SX	50 μm 多模光纤	短波激光	全双工工作方式,最长传输距离为 260 m
	62.5 μm 多模光纤		全双工工作方式,最长传输距离为 525 m
1000BASE-LX	9 μm 单模光纤	长波激光	全双工工作方式,最长传输距离为 3 000 m
	50 μm、62.5 μm 多模光纤		全双工工作方式,最长传输距离分别为 525 m 和 550 m

续　表

标准	传输介质	信号源	说明
1000BASE-CX	150 Ω 平衡屏蔽双绞线	—	最长有效传输距离为 25 m，使用 9 芯 D 型连接器连接电缆
1000BASE-T	5 类、超 5 类、6 类或者 7 类非平衡屏蔽双绞线	—	最长有效传输距离为 100 m

光纤上的千兆以太网是当前非常受推荐的主干技术之一。主要优点包括千兆的传输数据速率可以汇聚大范围内的快速以太网设备；较长的传输距离；较好的抗干扰性；1000BASE-X 设备在选择上也非常丰富。

3.1.5　传输介质

传输介质是网络中信息传输的媒体，是网络通信的物质基础之一。传输介质的性能特点对传输速率、通信的距离、可连接的网络节点数目和数据传输的可靠性等均有很大的影响。因此，必须根据不同的通信要求，合理地选择传输介质。在局域网中常用的传输介质有双绞线、同轴电缆和光导纤维等。

一、双绞线

双绞线是目前企业以太网连接的主要介质，分为屏蔽双绞线（STP）和非屏蔽双绞线（UTP），把两根绝缘的铜导线按一定密度互相绞在一起，每一根导线在传输中辐射出来的电波会被另一根线上发出的电波抵消，有效降低信号干扰的程度。日常生活中一般把"双绞线电缆"直接称为"双绞线"，如图 3-7(a) 所示。

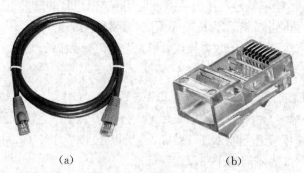

(a)　　　　　　　　　　　　(b)

图 3-7　双绞线和接头

在绝缘材料里共有四对双绞线，同一对线中的两芯线在同一电流回路中，任何时候电流的大小相等方向相反。双绞在一起可以减小这一对线对另一对线的电磁干扰，同时也可以减少别的线对产生的电磁干扰对它的影响。正因为这样，在制作双绞线时，保证正确的线序是至关重要的。

双绞线一般用于星型拓扑网络的布线连接，两端安装有 RJ-45 头（如图 3-7(b) 所示），用于连接网卡与交换机，最大网线长度为 100 m。如果要加大网络的范围，在两段双绞线之间可安装中继器，最多可安装 4 个中继器，连接 5 个网段，最大传输范围可达 500 m。

1. 非屏蔽双绞线（Unshielded Twisted Pair UTP）

在传输期间，信号的衰减比较大，并且会产生波形畸变。采用 UTP 双绞线的局域网带宽取决于所用导线的质量、长度及传输技术。一般五类以上 UTP 双绞线的传输速率可以达到 100 Mbit/s。主要特征表现在易弯曲、易安装,具有阻燃性,布线灵活等,如图 3-8 所示。

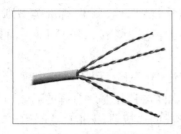 

图 3-8　非屏蔽双绞线　　　　　　图 3-9　屏蔽双绞线

2. 屏蔽双绞线(Shielded Twisted Pair STP)

屏蔽双绞线需要一层金属箔即覆盖层把电缆中的每对线包起来,有时候利用另一覆盖层把多对电缆中的各对线包起来或利用金属屏蔽层取代这层包在外面的金属箔。覆盖层和屏蔽层有助于吸收环境干扰,并将其导入地下以消除这种干扰,如图 3-9 所示。

3. 双绞线的线序

TIA/EIA 制定了双绞线的制作标准,有两种标准,分别是:T568A 和 T568B。T568A 线序为绿白、绿、橙白、蓝、蓝白、橙、棕白、棕。而 T568B 线序为橙白、橙、绿白、蓝、蓝白、绿、棕白、棕。T568A 线序不常用,现各单位、家庭用的一般都是 T568B 线序,如表 3-3 所示。

表 3-3　双绞线标准线序

规范	1	2	3	4	5	6	7	8
T568A	绿白	绿	橙白	蓝	蓝白	橙	棕白	棕
T568B	橙白	橙	绿白	蓝	蓝白	绿	棕白	棕

4. 直通线和交叉线

制作双绞线时,有直通线和交叉线之分,如图 3-10 所示。所谓直通就是网络线两头线序的排列是相同的,一一对应;而交叉线是线的一端 1、2 芯对应另一端的 3、6 芯。直通线用于计算机和交换机、路由器和交换机之间的连接;交叉线用于计算机与计算机、交换机和交换机、路由器和计算机以及路由器和路由器之间的连接。

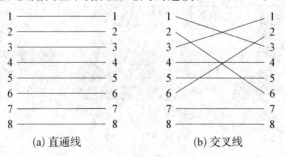

(a) 直通线　　　　　　　　(b) 交叉线

图 3-10　直通线和交叉线线序

5. 双绞线分类

按照频率和信噪比进行分类。类型数字越大、版本越新,技术越先进、带宽也越宽,当然价格也越贵。不同类型的双绞线标注方法是这样规定的,如果是标准类型则按 CATx 方式标注,如常用的五类线和六类线,则在线的外皮上标注为 CAT 5、CAT 6。而如果是改进版,就按 xe 方式标注,如超五类线就标注为 5e(字母是小写)。

➢ 四类线(CAT4):该类电缆的传输频率为 20 MHz,用于语音传输和最高传输速率 16 Mbps(指的是 16 Mbit/s 令牌环)的数据传输,主要用于基于令牌的局域网和 10BASE-T/100BASE-T。最大网段长为 100 m,采用 RJ 形式的连接器,未被广泛采用。

➢ 五类线(CAT5):该类电缆增加了绕线密度,外套一种高质量的绝缘材料,线缆最高频率带宽为 100 MHz,最高传输率为 100 Mbps,用于语音传输和最高传输速率为 100 Mbps 的数据传输,主要用于 100BASE-T 和 1000BASE-T 网络,最大网段长为 100 m。

➢ 超五类线(CAT5e):超 5 类具有衰减小,串扰少,并且具有更高的衰减与串扰比(ACR)和信噪比(SNR)、更小的时延误差,性能得到很大提高。超 5 类线主要用于千兆以太网(1 000 Mbps)。

➢ 六类线(CAT6):该类电缆的传输频率为 1 MHz~250 MHz,它提供 2 倍于超五类的带宽。六类布线的传输性能远远高于超五类标准,最适用于传输速率高于 1 Gbps 的应用。六类与超五类的一个重要的不同点在于改善了在串扰以及回波损耗方面的性能。六类标准中要求的布线距离为:永久链路的长度不能超过 90 m,信道长度不能超过 100 m。

➢ 超六类或 6A 线(CAT6A):此类产品传输带宽介于六类和七类之间,传输频率为 500 MHz,传输速度为 10 Gbps,标准外径 6 mm。

➢ 七类线(CAT7):传输频率为 600 MHz,传输速度为 10 Gbps,单线标准外径 8 mm,多芯线标准外径 6 mm。

二、同轴电缆

同轴电缆(Coaxial Cable)是指有两个同心导体,而导体和屏蔽层又共用同一轴心的电缆,如图 3-11 所示。最常见的同轴电缆由绝缘材料隔离的铜线导体组成,具有抗干扰能力强,连接简单等特点,信息传输速度可达每秒几百兆。同轴电缆由内导体铜质芯线(单股实心线或多股绞合线)、绝缘层、网状编织的外导体屏蔽层(也可是单股)以及保护塑料外层所组成。同轴电缆的这种结构,使它具有高带宽和极好的噪声抑制特性。

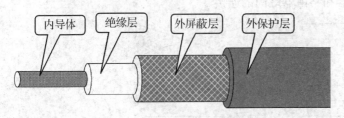

图 3-11　同轴电缆

同轴电缆可用于模拟信号和数字信号的传输,适用于各种各样的应用,其中最重要的有电视传播、长途电话传输、计算机系统之间的短距离连接以及局域网等。同轴电缆作为将电视信号传播到千家万户的一种手段发展迅速,这就是有线电视。一个有线电视系统可以负载几十个甚至上百个电视频道,其传播范围可以达几十千米。长期以来同轴电缆都是长途电话网的重要组成部分。今天,它面临着来自光纤、地面微波和卫星的日益激烈的竞争。

三、光纤

光纤又称为光缆或光导纤维,由光导纤维纤芯、玻璃网层和能吸收光线的外壳组成,是由一组光导纤维组成的用来传播光束的、细小而柔韧的传输介质。应用光学原理,由光发送机产生光束,将电信号变为光信号,再把光信号导入光纤,在另一端由光接收机接收光纤上传来的光信号,并把它变为电信号,经解码后再处理。

通常光纤分为单模光纤和多模光纤。所谓"模"是指以一定角速度,进入光纤的一束光。单模光纤采用固体激光器作光源,多模光纤则采用发光二极管作光源。

单模光纤:由激光作光源,仅有一条光通路,传输距离长,达 2 千米以上。

单模光纤只允许一束光传播,所以单模光纤没有模分散特性,因而单模光纤的纤芯相应较细,传输频带宽、容量大、传输距离长,但因其需要激光源,成本较高,通常在建筑物之间或地域分散时使用。

单模光纤是当前计算机网络中研究和应用的重点,也是光纤通信与光波技术发展的必然趋势。

多模光纤允许多束光在光纤中同时传播,从而形成模分散(因为每一个"模"进入光纤的角度不同,它们到达另一端点的时间也不同,这种特征称为模分散)。

多模光纤:由二极管发光,低速短距离,2 千米以内。

模分散技术限制了多模光纤的带宽和距离,因此,多模光纤的芯线粗,传输速度低、距离短、整体的传输性能差,但其成本比较低,一般用于建筑物内或地理位置相邻的建筑物间的布线环境下。

3.1.6　网络互联设备

网络互联是为了将两个以上具有独立自治能力、同构或异构的计算机网络连接起来,实现数据流通,扩大资源共享的范围,或者容纳更多的用户。

网络互连时,各节点一般不能简单地直接相连,而是需要通过一个中间设备来实现。按照 OSI/RM 的分层原则,这个中间设备要实现不同网络之间的协议转换功能,根据它们工作的协议层不同进行分类,网络互联设备有中继、网桥、交换机、路由器和网关等。在实际应用中,各厂商提供的设备都是多功能组合,向下兼容的。表 3-4 则是对以上设备的一个总结。

表 3-4　常见网络互联设备

互联设备	工作层次	主要功能
中继器	物理层	对接收信号进行再生和发送,只起到扩展传输距离的作用,对高层协议是透明的,但使用个数有限
集线器	物理层	多口中继器
交换机	数据链路层	可以为接入交换机的任意两个网络节点提供独享的电信号通路
路由器	网络层	通过逻辑地址进行网络之间的信息转发,可完成异构网络之间的互联互通,只能连接使用相同网络层协议的子网
网关	4—7 层	用于两个高层协议不同的网络互连

一、中继器

中继器主要完成物理层的功能,负责在两个节点的物理层上按位传递信息,完成信号的复制、调整和放大功能,以此来延长网络的长度,如图 3-12 所示。由于存在损耗,在线路上传输的信号功率会逐渐衰减,衰减到一定程度时将造成信号失真,因此会导致接收错误。中继器就是为解决这一问题而设计的。它完成物理线路的连接,对衰减的信号进行放大,保持与原数据相同。

图 3-12　中继器

一般情况下,中继器的两端连接的是相同的媒体,但有的中继器也可以完成不同媒体的转接工作。从理论上讲中继器的使用是无限的,网络也因此可以无限延长。事实上这是不可能的,因为网络标准中都对信号的延迟范围作了具体的规定,中继器只能在此规定范围内工作,否则会引起网络故障。

二、集线器

集线器的主要功能是对接收到的信号进行再生整形放大,以扩大网络的传输距离,同时把所有节点集中在以它为中心的节点上。它工作于 OSI 参考模型第一层,即"物理层"。集线器与网卡、网线等传输介质一样,属于局域网中的基础设备,采用 CSMA/CD 介质访问控制机制。集线器每个接口简单地收发比特,收到 1 就转发 1,收到 0 就转发 0,不进行碰撞检测。

图 3-13　集线器

集线器发送数据是没有针对性的,而是采用广播方式发送。也就是说当它要向某节点发送数据时,不是直接把数据发送到目的节点,而是把数据包发送到与集线器相连的所有节点,如图 3-13 所示为集线器实物图。

三、交换机

1. 二层交换机

二层交换机可以识别数据包中的 MAC 地址,根据 MAC 地址进行转发,并将这些 MAC

地址与对应的端口记录在自己内部的一个地址表中，如图 3-14 所示。

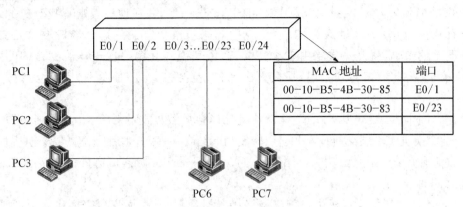

图 3-14 源 MAC 地址"学习"

二层交换机通过从交换机的地址表中学习目的节点的 MAC 地址，执行交换功能，将数据帧从源端重新排列到目的端。MAC 地址表为二层设备提供了唯一的地址，用于标识数据下发的终端设备和节点，如图 3-15 所示为交换机实物图。

图 3-15 交换机实物图

当我们需要在不同的 LAN 或 VLAN 之间传输数据时，二层交换机就无法满足了。这时需要三层交换机，因为它们将数据包路由到目的地的技术是 IP 地址和子网划分。

三层交换机工作在 OSI 参考模型的第 3 层，并使用 IP 地址执行数据包的路由。它们比二层交换机具有更快的切换速度，甚至比传统路由器更快，因为它们不使用额外的跃点来执行数据包的路由，从而会带来更好的性能。

2. 二层交换机与三层交换机的区别

➤ 工作层级不同。二层交换机工作在数据链路层，三层交换机工作在网络层，三层交换机不仅实现了数据包的高速转发，还可以根据不同网络状况选择最优网络的路径，如表 3-5 所示。

表 3-5 交换机类型与特点

交换机类型	特点
二层交换机	工作在 OSI 参考模型的第二层（数据链路层）上，主要功能包括物理编址、错误校验、帧序列及流控制，是较便宜的方案。它在划分子网和广播限制等方面提供的控制较少
三层交换机	工作在 OSI 参考模型的网络层，具有路由功能，它将 IP 地址信息提供给网络路径选择，并实现不同网段数据的交换。在大中型网络中，三层交换机已经成为基本配置设备

➢ 原理不同。二层交换机的原理是当交换机从某个端口收到一个数据包,它会先读取包中的源 MAC 地址,再去读取包中的目的 MAC 地址,并在地址表中查找对应的端口,如表中有和目的 MAC 地址对应的端口,就把数据包直接复制到这个端口上。三层交换机的原理比较简单,就是一次路由多次交换,通俗来说就是第一次进行源到目的的路由,三层交换机会将此数据转到二层,那么下次无论是目的到源还是源到目的的都可以进行快速交换。

➢ 功能不同。二层交换机基于 MAC 地址访问,只做数据的转发,并且不能配置 IP 地址,而三层交换机将二层交换技术和三层转发功能结合在一起,也就是说三层交换机在二层交换机的基础上增加了路由功能,可配置不同 VLAN 的 IP 地址,可通过三层路由实现不同 VLAN 之间通讯。

➢ 应用不同。二层交换机主要用于网络接入层和汇聚层,而三层交换机主要用于网络核心层,但是也存在少部分三层交换机用于汇聚层的现象。

➢ 支持的协议不同。二层交换机支持物理层和数据链路层协议,而三层交换机支持物理层、数据链路层及网络层协议。

3. 应用场景

教室内的终端类型越来越多,智能化越来越高,通常有多媒体计算机、智慧大屏、AP、摄像头等。为了满足教室智能化发展的需要,可以部署极简架构,让网络的部署运营更加灵活、高效,如图 3-16 所示。

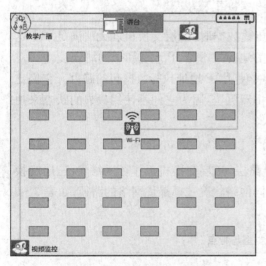

图 3-16　高校机房的应用

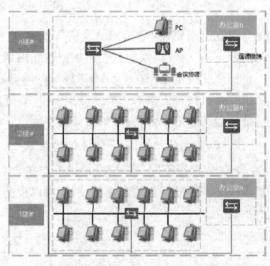

图 3-17　办公园区的应用

部署方式:
➢ 在楼栋机房部署一台或两台中心交换机,光纤双上行到学校中心机房核心交换机。
➢ 每个教室部署一台远端模块,通过光电混合缆连接至中心交换机。
➢ 每台远端模块接入 AP、摄像头、PC 等终端,支持 PoE 功能,为 AP、摄像头供电。
➢ 核心交换机上部署 AC 功能,实现有线无线融合管理。

大型企业园区的网络,每个工位都需要有网口,且办公区内全无线覆盖无死角。园区有多栋楼,且有大量的实验室、库房和独立办公室,员工办公地点比较分散。每栋楼内办公地点分散,每层部署一台楼层交换机可能网线长度不够,需要规划两个弱电间,建网成本较高,如果直接在办公室部署交换机,噪声较大,严重影响员工的办公。极简架构在办公园区场景的应用如图 3 - 17 所示。

另外,在中、大型企业园区网络的汇聚层,交换机为用户组建高性能、高可靠、融合多业务的企业网络。

四、路由器

1. 路由器概念

路由器(Router)是连接两个或多个网络的硬件设备,在网络间起网关的作用,是读取每一个数据包中的地址然后决定如何传送的专用智能型网络设备。路由器可以分析各种不同类型网络传来的数据包的目的地址,把非 TCP/IP 网络的地址转换成 TCP/IP 地址,或者反之;再根据选定的路由算法把各数据包按最佳路线传送到指定位置。所以路由器可以把非TCP/IP 网络连接到因特网上。如图 3 - 18 所示为路由器实物图。

图 3 - 18　锐捷路由器

2. 路由器的功能

路由器是互联网的主要节点设备。路由器通过路由表决定数据的转发。转发策略称为路由选择(routing),这也是路由器名称的由来(Router,转发者)。作为不同网络之间互相连接的枢纽,路由器系统构成了基于 TCP/IP 的国际互联网络 Internet 的主体脉络,也可以说,路由器构成了 Internet 的骨架。它的处理速度是网络通信的主要瓶颈之一,它的可靠性则直接影响着网络互连的质量。因此,在园区网、地区网,乃至整个 Internet 研究领域中,路由器技术始终处于核心地位,其发展历程和方向,成为整个 Internet 研究的一个缩影。

3. 路由器的工作过程

路由器是用于连接多个逻辑上分开的网络,所谓逻辑网络是代表一个单独的网络或者一个子网。当数据从一个子网传输到另一个子网时,可通过路由器来完成。路由器只接受源站或其他路由器的信息,属于网络层的一种互联设备。它不关心各子网使用的硬件设备,但要求运行与网络层协议相一致的软件。

路由器工作在 OSI 模型三层(网络层),收到数据包后根据 OSI 模型层层将数据包拆开,到网络层后根据 IP 进行路由转发,根据接口协议层层封装,实现异种网络的互联,如图3 - 19所示。

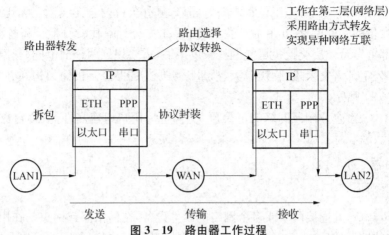

图 3-19　路由器工作过程

五、网关

网关(Gateway)又称网间连接器、协议转换器,工作在 OSI 模型的传输层上。网关在网络层以上实现网络互连,是复杂的网络互联设备。网关既可以用于广域网互连,也可以用于局域网互联。网桥只是简单地传达信息不同,网关对收到的信息要重新打包,以适应目的系统的需求,如图 3-20 所示。

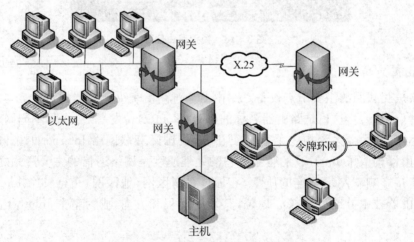

图 3-20　网关在物理通路中的位置

常见的网关类型有局域网网关和 Internet 网关。局域网网关提供局域网之间的通道。例如从一个小区去往另一个小区,必然要经过小区门口。同样,从一个网络向另一个网络发送信息,也必须经过一道"关口",这道关口就是网关。顾名思义,网关(Gateway)就是一个网络连接到另一个网络的"关口",如图 3-21 所示。

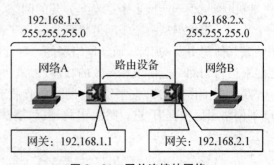

图 3-21　网关连接的网络

3.1.7　虚拟局域网

一、VLAN 概述

VLAN(Virtual Local Area Network)又叫虚拟局域网,它把网络中的用户(终端设备)分为若干个逻辑工作组,每个逻辑工作组就是一个 VLAN。虚拟网络建立在局域网交换机上,以软件方式实现逻辑工作组的划分与管理,逻辑工作组的节点组成不受物理位置的限制。同一逻辑分组的成员可以分布在相同的物理网段中,也可以分布在不同的网络中。如图3-22中显示了典型 VLAN 的物理结构和逻辑结构。

二、VLAN 产生

因为二层设备转发速度快,局域网中大部分是二层设备。但是这个时候就会产生一个问题,由交换机带来的问题,如果底层设备发送发送了一个广播报文,那么只要是报文经过的交换机都会对报文进行转发,会让很多不需要接收这个消息的设备接收到,造成了流量浪费和网络阻塞,缺少转发的控制手段,于是 VLAN 就应运而生了。

通过 VLAN 技术将不同的设备置于同一个广播域之内,就可以减少不必要的广播信息。不同的广播域之间如果没有路由器或三层交换机是没有办法互访的。通过划分 VLAN 也就实现了广播流量的控制和信息传递的控制。

VLAN 并不是一种新型的局域网技术,而是交换网络为用户提供的一种服务。当遇到以下所列出的某一情况时,就可以采用划分虚拟局域网的方法来满足需求,如图 3-22 所示。

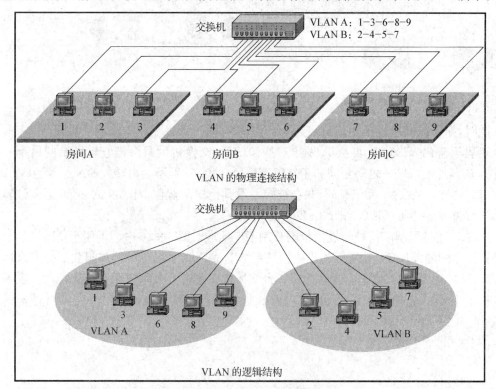

图 3-22　虚拟局域网

➤ 需要对广播数据包进行隔离操作,数据包只发送给某一些网段。

➤ 由于人员增加,部门无法集中办公,同一个网段的人员可能不在同一个物理位置。

➤ 诸如财务部门等有特殊安全要求的部门需要与外部通信,但要保证不泄露内部秘密。

1. 广播域

广播是一种信息的传播方式,指网络中的某一设备同时向网络中所有的其他设备发送数据,这个数据所能广播到的范围即为广播域(Broadcast Domain)。通常来说一个局域网就是一个广播域。广播域内所有的设备都必须监听所有的广播包,如果广播域太大了,用户的带宽就小了,并且需要处理更多的广播,网络响应时间将会长到让人无法容忍的地步。使用一个或多个交换机组成的以太网,所有站点都在同一个广播域。随着交换机变多,这个广播域的范围也会变大,于是就会出现很多弊端。

交换机是如何使用 VLAN 分割广播域的? 首先,在一台未设置任何 VLAN 的二层交换机上,任何广播帧都会被转发给除接收端口外的所有其他端口。如图 3-23 所示,计算机 A 发送广播信息后,会被转发给端口 2、3、4。

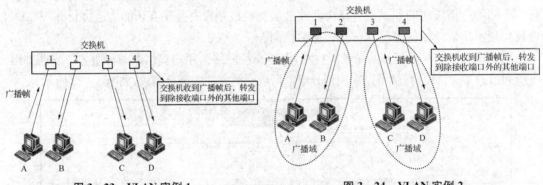

图 3-23　VLAN 实例 1　　　　　　图 3-24　VLAN 实例 2

此时,如果在交换机上生成红、蓝两个 VLAN;同时设置端口 1、2 属于红色 VLAN,端口 3、4 属于蓝色 VLAN。再从 A 发出广播帧的话,交换机就只会把它转发给同属于一个 VLAN 的其他端口——也就是同属于红色 VLAN 的端口 2,不会再转发给属于蓝色 VLAN 的端口。同样,C 发送广播信息时,只会被转发给其他属于蓝色 VLAN 的端口,不会被转发给属于红色 VLAN 的端口,如图 3-24 所示。

VLAN 通过限制广播帧转发的范围分割了广播域。图 3-24 中为了便于说明,以红、蓝两色识别不同的 VLAN,在实际使用中则是用"VLAN ID"来区分的。如果要更为直观地描述 VLAN 的话,我们可以把它理解为将一台交换机在逻辑上分割成了数台交换机。在一台交换机上生成红、蓝两个 VLAN,也可以看作是将一台交换机换作一红一蓝两台虚拟的交换机。

那么,为什么需要分割广播域呢?那是因为,如果仅有一个广播域,有可能会影响到网络整体的传输性能。图 3-25 中,是一个由 1 台二层交换机连接了大量客户机构成的网络。假设这时,计算机 PC1 需要与计算机 PC4 通信。在基于以太网的通信中,必须在数据帧中指定目标 MAC 地址才能正常通信,因此,计算机 PC1 必须先广播"ARP 请求(ARP Request)信息",来尝试获取计算机 PC2 的 MAC 地址。

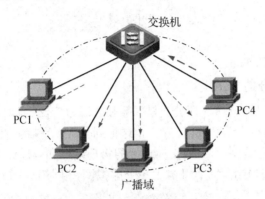

图 3-25 广播域

交换机会将它转发给除接收端口外的其他所有端口,也就是泛洪(Flooding)了。这个 ARP 请求原本是为了获得计算机 PC2 的 MAC 地址而发出的。也就是说:只要计算机 PC2 能收到就万事大吉了。可是事实上,数据帧却传遍整个网络,导致所有的计算机都收到了它。如此一来,一方面广播信息消耗了网络整体的带宽;另一方面,收到广播信息的计算机还要消耗一部分 CPU 时间来对它进行处理。造成了网络带宽和 CPU 运算能力的大量无谓消耗。

2. 冲突域

一个站点向另一个站点发出信号。除目的站点外,有多少站点能收到这个信号,这些站点就构成一个冲突域。在同一个冲突域中的每一个节点都能收到所有被发送的帧。冲突域就是连接在同一导线上的所有工作站的集合。在 OSI 模型中,冲突域被看作是第一层的概念,连接同一冲突域的设备有集线器、中继器或者其他进行简单复制信号的设备。也就是说,用集线器、中继器连接的所有节点可以被认为是在同一个冲突域内,它不会划分冲突域。而第二层设备(网桥,交换机)、第三层设备(路由器)都可以划分冲突域的,当然也可以连接不同的冲突域,如表 3-6 所示。

表 3-6 冲突域和广播域

	能否隔离冲突域	能否隔离广播域
物理层设备(集线器、中继器)	×	×
链路层设备(网桥、交换机)	√	×
网络层设备(路由器)	√	×

3. 广播域和冲突域的区别

➤ 概念不同:广播域指的是所有接收广播信息的节点,冲突域指的是同一物理段中的节点。

➤ 协议不同:广播域采用数据链路层协议,冲突域采用物理层协议。

➤ 网段不同:广播域可以跨网段,冲突域发生在同一个网段中。

三、VLAN 特征

与传统的局域网技术相比较,VLAN 技术更加灵活,它具有以下优点:

➤ 简化网络管理。

➤ 网络设备的移动、添加和修改的管理开销减少。

➤ 可以控制广播活动。

➤ 可提高网络的安全性。

四、基于端口划分的 VLAN

这是最常应用的一种 VLAN 划分方法,应用也最为广泛、有效,目前绝大多数 VLAN 协议的交换机都提供这种 VLAN 配置方法。这种划分 VLAN 的方法是根据以太网交换机的交换端口来划分的,它是将 VLAN 交换机上的物理端口和 VLAN 交换机内部的 PVC(永久虚电路)端口分成若干个组,每个组构成一个虚拟网,相当于一个独立的 VLAN 交换机,如图 3-26 所示。

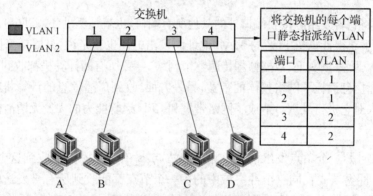

图 3-26　基于端口划分的 VLAN

对于不同部门需要互访时,可通过路由器转发,并配合基于 MAC 地址的端口过滤。对某站点的访问路径上最靠近该站点的交换机、路由交换机或路由器的相应端口上,设定可通过的 MAC 地址集。这样就可以防止非法入侵者从内部盗用 IP 地址从其他可接入点入侵的可能。

3.2　项目设计

多媒体教室是教学工具的载体,它对于现代教学有很大的影响。多媒体教室的设备是学院进行现代化教学的设施,担负着全校师生日常多媒体教学的任务。

教室内的终端类型越来越多,智能化越来越高,通常有多媒体计算机、智慧大屏、AP、摄像头等。为了满足教室智能化发展的需要,可以部署极简架构,让网络的部署运营更加灵活、高效。如图 3-27 所示,为某高校教室网络部署的场景。

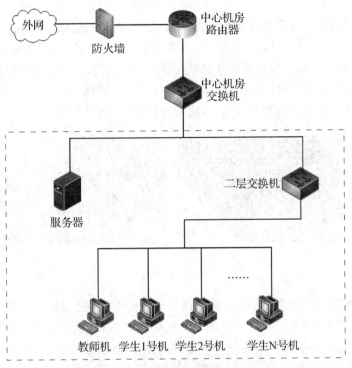

图 3-27   某高校教室网络部署场景

3.3   项目实施

▐▶ 任务 3-1   网线制作

双绞线的制作分为直通线的制作和交叉线的制作。制作过程主要分为五步,可简单归纳为"剥""理""插""压""测"五个字。

一、环境准备

多媒体实验室,现场保证良好的采光、照明和通风。实验器材要求如表 3-7 所示。

表 3-7   实验器材

序号	名称	数量
1	压线钳	16 个
2	水晶头	200 枚
3	网线(未制作好的)	40 米
4	网线测试仪	1 个

二、制作直通双绞线

为了保持制作的双绞线有最佳兼容性,通常采用最普遍的 EIA/TIA-568B 标准来制作,制作步骤如下。

第一步　准备好 5 类双绞线、RJ-45 水晶头、压线钳和网线测试仪等。

第二步　剥线。用压线钳的剥线刀口夹住 5 类双绞线的外保护套管,适当用力夹紧并慢慢旋转,让刀口正好划开双绞线的外保护套管(小心不要将里面的双绞线的绝缘层划破),刀口距 5 类双绞线的端头至少 2 厘米。取出端头,剥下保护胶皮。

第三步　将划开的外保护套管剥去(旋转、向外抽),如图 3-28 所示。

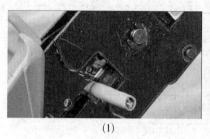
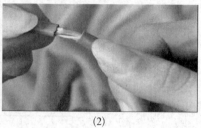

(1)　　　　　　　　　　　　(2)

图 3-28　剥线

第四步　理线。双绞线由 8 根有色导线两两绞合而成,把相互缠绕在一起的每对线缆逐一解开,按照 EIA/TIA-568B 标准(橙白-1、橙-2、绿白-3、蓝-4、蓝白-5、绿-6、棕白-7、棕-8)和导线颜色将导线按规定的序号排好,排列的时候注意尽量避免线路的缠绕和重叠。

第五步　将 8 根导线拉直、压平、理顺,导线间不留空隙。如图 3-29 所示。

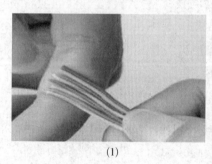
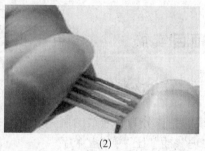

(1)　　　　　　　　　　　　(2)

图 3-29　理线

第六步　用压线钳的剪线刀口将 8 根导线剪齐,并留下约 12 mm 的长度。如图 3-30所示。

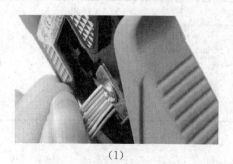
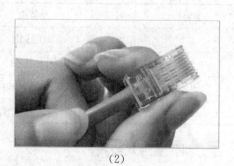

(1)　　　　　　　　　　　　(2)

图 3-30　插线

第七步　捏紧8根导线,防止导线乱序,把水晶头有塑料弹片的一侧朝下,把整理好的8根导线插入水晶头(插至底部),注意"橙白"线要对着RJ-45的第一个脚。

第八步　确认8根导线都已插至水晶头底部,再次检查线序,无误后将水晶头从压线钳的"无牙"一侧推入压线槽内。

第九步　压线。双手紧握压线钳的手柄,用力压紧,使水晶头的8个针脚接触点穿过导线的绝缘外层,分别和8根导线紧紧地压接在一起。

第十步　按照上述方法制作双绞线的另一端,即可完成。

三、测试连通性

第一步　现在已经做好了一根网线,在实际用它连接设备之前,先用一个简易测线仪来进行一下连通性测试。

第二步　将直通双绞线两端的水晶头分别插入主测试仪和远程测试端的RJ-45端口,将开关推至"ON"档(S为慢速挡),主测试仪和远程测试端的指示灯应该从1至8依次绿色闪亮,说明网线连接正常,如图3-31所示。

图3-31　网线连接正常

注意:

① 剥线时不要将芯线剪断或剪破。

② 双绞线要整理整齐后才能插入RJ-45头,否则可能使有些铜线并未插入正确的插槽中。

③ 双绞线插入不能过短,否则会导致RJ-45头的金属片未完全插入双绞线的芯线,造成线路不通。

④ 双绞线插入不能过长,否则会导致外皮完全露在RJ-45头外面,使接头易松动或脱落。

▶▶ 任务3-2　组建双机对等网

对等网的网内成员地位都是对等的,网络中不存在管理或服务核心的主机,即各个主机间无主从之分,并没有客户机和服务器的区别。

对等网主要特点:网络用户较少,在 20 台计算机以内,适合人员少,应用网络较多的中小企业;网络用户都处于同一区域中;网络成本低,网络配置和维护简单。它的缺点也相当明显,主要包括网络性能较低、数据保密性差、文件管理分散、计算机资源占用大。

连接两台计算机,可以通过交叉线连接计算机网卡等多种方式实现,网卡连接只需将网线的 RJ-45 接口插入网卡即可。如图 3-32 所示。

PC1　　　　　PC2

图 3-32　两台计算机组建的对等网

如果既没有交叉线又没有网卡,则可通过串口或并口通信来连接。可以分为以下几步:

第一步　确定方法。

根据计算机的标准配置,一般都具有两个 9 芯或 25 芯串口(COM1、COM2)和一个 25 芯并口的标配,这样就可以选择串口直连或者并口直连等方法。观察主机箱的外观结构,确定当前的工作计算机是什么类型的接口。这里介绍串口直连。

第二步　硬件连接。

用两端带 DB-9 或 DB-25 头的扁平电缆将两台计算机的串口连接起来,拧紧连接口。

第三步　网络设置。

(1) 在"网络连接"窗口中,用鼠标右击"本地连接",选择"属性",打开"本地连接属性"对话框中的"常规"选项卡,如图 3-33 所示。

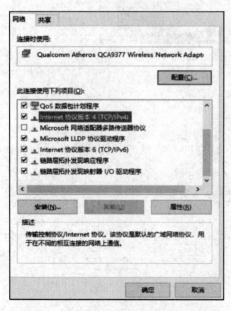

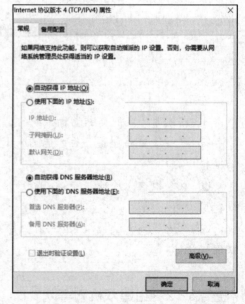

图 3-33　"本地连接属性"对话框　　　　图 3-34　Internet 协议版本 4(TCP/IPv4)属性对话框

（2）在"本地连接属性"对话框中选中"Internet 协议版本 4（TCP/IPv4）"，然后单击"属性"按钮，出现设置地址及子网掩码对话框，如图 3-34 所示。

选择"使用下面的 IP 地址"和"使用下面的 DNS 服务器地址"，并按图所示将台计算机的 IP 地址分别设为 192.168.0.2 和 192.168.0.3，子网掩码都为 255.255.255.0，其他地方不用填写（注意：以上设置是在 2 台不同的计算机上分别填写的），也可设置为其他 IP 地址做测试，如图 3-35 所示。

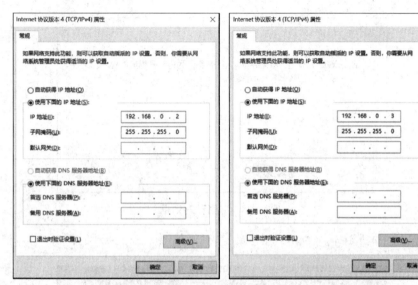

图 3-35 设置 IP 地址

用鼠标右击桌面上的"我的电脑"，在弹出的菜单中选择"属性"，弹出"系统属性"对话框，选择"计算机名"选项卡，如图 3-36 所示。点击"系统属性"对话框中的"更改"按钮，弹出"计算机名称更改"对话框，如图 3-37 所示。

图 3-36 "系统属性"对话框

图 3-37 计算机名/域更改

在"计算机名"文本框中输入计算机名,在"工作组"文本框中输入工作组名(由于网络中共有 2 台计算机,可将第 1 台计算机命名为 kj01,第 2 台计算机命名为 kj02)设置成功后单击"确定"按钮,返回"系统属性"对话框。设置完毕必须按要求重新启动计算机,使设置生效。

完成各类配置后,可对网络进行测试,以检测网络是否连通。单击桌面左下角"开始",弹出如图 3 - 38 所示的对话框。

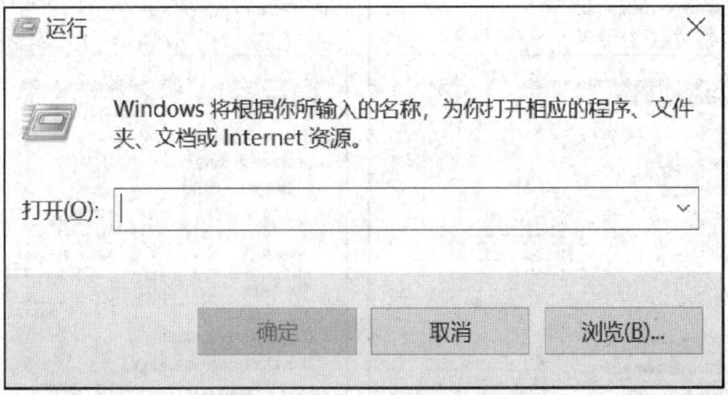

图 3 - 38   "运行"对话框

在"打开"的文本框中输入"cmd"点击确定,弹出如图 3 - 39 所示的窗口。

图 3 - 39   测试窗口

在命令提示符">"后输入 ping 命令测试两台机器的连通性,例如在命令提示符后输入"ping 192.168.0.3 -t",敲击"回车"即可。如果网络连通,则会出现如图 3 - 40 所示的反馈信息。

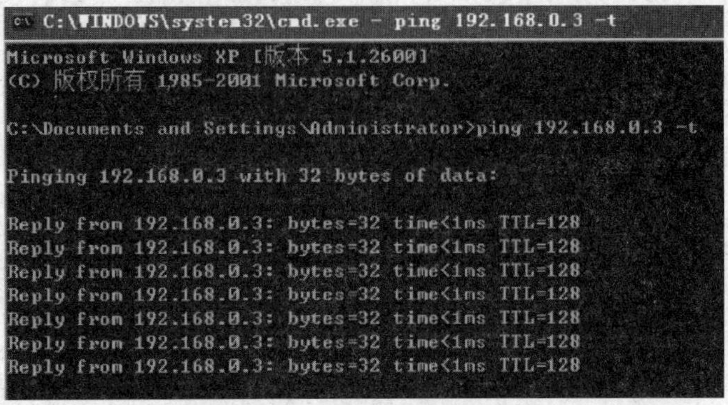

图 3 - 40   网络连通性测试图

任务 3-3　文件共享

一、硬件连接

二、TCP/IP 协议配置

第一步　配置 PC1 计算机的 IP 地址为 192.168.1.10,子网掩码为 255.255.255.0;配置 PC2 计算机的 IP 地址为 192.168.1.20,子网掩码为 255.255.255.0;配置 PC3 计算机的 IP 地址为 192.168.1.30,子网掩码为 255.255.255.0。

第二步　在 PC1、PC2 和 PC3 之间用 ping 命令测试网络的连通性。

三、设置计算机名和工作组名

第一步　依次单击"开始"→"控制面板"→"系统和安全"→"系统"→"高级系统设置"→"计算机名",打开"系统属性—计算机名"对话框,如图 3-41 所示。

第二步　单击"更改"按钮,打开"计算机名称更改"对话框,如图 3-42 所示。

图 3-41　"系统属性—计算机名"对话框

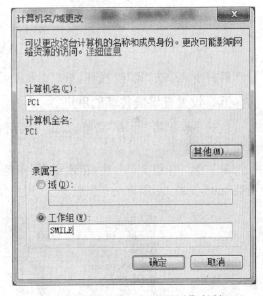

图 3-42　"计算机名/域更改"对话框

第三步　在"计算机名"文本框中输入"PC1"作为本机名,选中"工作组"单选按钮,并设置工作组名为"smile"。

第四步　单击"确定"后,系统用会提示重启计算机,重启后,修改后的"计算机名"和"工作组名"就生效了。

四、安装共享服务

第一步　依次单击"开始"→"控制面板"→"网络和 Internet"→"网络和共享中心"→"更改适配器设置",打开"网络连接"窗口。

第二步　右击"本地连接"图标,在弹出的快捷菜单中选择"属性"命令,打开"本地连接属性"对话框。

第三步 如图 3-43 所示,"Microsoft 网络的文件和打印机共享"前被勾选,则说明共享服务安装正确。否则,请选中"Microsoft 网络的文件和打印机共享"前的复选框。

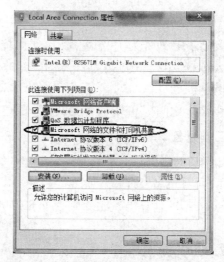

图 3-43 "本地连接属性"对话框

第四步 单击"确定"按钮,重启系统后设置生效。

五、设置有权限共享的用户

第一步 单击"开始"菜单,右击"计算机",在弹出的快捷菜单中选择"管理",打开"计算机管理"窗口。

第二步 在图 3-44 中,依次展开"本地用户和组"→"用户",右击"用户",在弹出的快捷菜单中,选择"新用户……",打开"新用户"对话框。

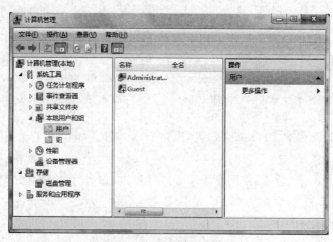

图 3-44 "计算机管理"窗口

第三步　在图 3 - 45 中,依次输入用户名、密码等信息,然后单击"创建"按钮,创建新用户"shareuser"。

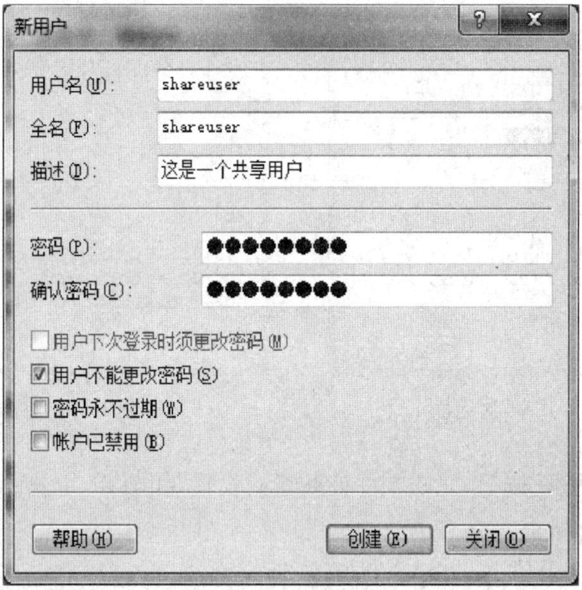

图 3 - 45　"新用户"窗口

六、设置文件夹共享

第一步　右击某一需要共享的文件夹,在弹出的快捷菜单中选择"特定用户…"命令,如图 3 - 46 所示。

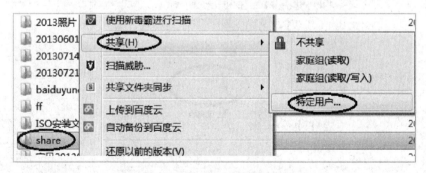

图 3 - 46　设置文件夹共享

第二步　在打开的"文件共享"对话框中,单击"箭头"下拉列表,选择能够访问共享文件夹"share"的用户:shareuser,如图 3 - 47 所示。

图 3 - 47 "文件共享"对话框　　　　　　　　　　图 3 - 48 完成文件共享

第三步　单击"共享"按钮，完成文件夹共享的设置，如图 3 - 48 所示。

七、使用共享文件夹

第一步　在其他计算机中，如 PC2 计算机，在资源管理器或 IE 浏览器的"地址"栏中输入共享文件所在的计算机名或 IP 地址，如输入"\\192.168.0.10"或"\\PC1"，输入用户名和密码，即可访问共享资源（如共享文件夹"share"），如图 3 - 49 所示。

图 3 - 49 "使用共享文件夹"窗口

第二步　右击共享文件夹"share"图标，在弹出的快捷菜单中选择"映射网络驱动器"命令，打开"映射网络驱动器"对话框，如图3 - 50所示。

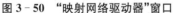

图 3 - 50　"映射网络驱动器"窗口　　　　图 3 - 51　"映射网络驱动器的结果"窗口

第三步　单击"完成"按钮,完成"映射网络驱动器"操作。双击打开"计算机"这时可以看到共享后的文件夹已被映射成了"Z"驱动器,如图 3 - 51 所示。

任务 3 - 4　VLAN 划分

VLAN 的划分方法有:基于端口划分的 VLAN;基于 MAC 地址划分 VLAN;基于网络层协议划分 VLAN;根据 IP 组播划分 VLAN;按策略划分 VLAN;按用户定义、非用户授权划分 VLAN 等,本项目主要讲述基于端口划分的 VLAN。

一、VLAN 配置方法

1. VLAN 创建与删除

在交换机上执行"vlan < vlan - id >"命令在可以创建 VLAN。如需创建多个连续 VLAN,则可以在交换机上执行"vlan batch { vlan -id1 [to vlan -id2]}"命令;如需创建多个不连续的 VLAN,则可以在交换机上执行"vlan batch { vlan -id1 vlan -id2 }"命令;在创建 VLAN 的命令前加"undo"命令,可以删除创建的 VLAN。

```
[Huawei] vlan 10  //创建 VLAN 10
[Huawei] vlan batch 10 to 20  //创建 VLAN 10 - VLAN 20 连续 11 个 VLAN
[Huawei] vlan batch 10 20  //创建 VLAN 10 和 VLAN 20
[Huawei] undo vlan 10  //删除 VLAN 10
```

2. Access 和 Trunk 端口配置

在交换机上创建 VLAN 后,进入交换机对应的端口,使用"port link - type { access | trunk | hybrid }",可以修改对应端口的模式。当修改端口为 Access 模式后,需要配合"port default vlan <vlan -id>"命令,配置端口的 PVID;当修改端口为 Trunk 模式后,需要使用"port trunk allow -pass vlan { vlan -id1 [to vlan -id2] }",配置 Trunk 允许哪些 VLAN 通过。

```
[Huawei] interface GigabitEthernet 0/0/1
[Huawei - GigabitEthernet 0/0/1] port link - type access
[Huawei - GigabitEthernet 0/0/1] port default vlan 10
[Huawei - GigabitEthernet 0/0/1] quit
[Huawei] interface GigabitEthernet 0/0/2
[Huawei - GigabitEthernet 0/0/2] port link - type trunk
[Huawei - GigabitEthernet 0/0/2] port trunk allow - pass vlan 10 20
```

3. 检查 VLAN 信息

创建 VLAN 后,可以使用命令"display vlan"查看已创建的 VLAN 信息,如图 3 - 52 所示。

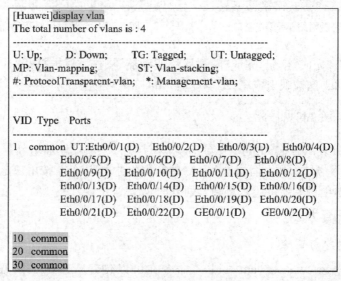

图 3 - 52   查看 VLAN 信息

二、需求分析

如图 3 - 53 所示,某单位要完成一个项目,该项目有两个任务,现将两个任务分别分配给两个小组,小组 A 包括 PC1、PC2 计算机,小组 B 包括 PC3 计算机。在任务完成过程中,两个小组成员间不需要沟通和协商,是不能相互通信的。分析:该任务要求小组内部能相互通信,而小组之间不能相互通信。将该网络划分为两个虚拟局域网,即 VLAN20 和 VLAN30,即可满足要求。

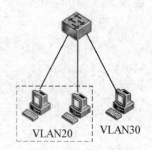

图 3 - 53   本地 VLAN 的拓扑结构

三、配置步骤

第一步   按照右图设计的网络拓扑结构准备并连接好硬件设备。

第二步　规划 IP 地址与 VLAN。将网络划分为两个 VLAN，PC2 处于技术部，划到 VLAN20 中，PC3 是市场部的成员，划分到 VLAN 30 中。

第三步　配置 IP 地址。交换机配置了 VLAN20、VLAN30 两个 VLAN。

第四步　测试各 PC 的联通性。

➤ PC1 ping PC2，测试结果为通畅。

➤ PC1 ping PC3，测试结果为通畅。

四、分配 IP 地址

将 PC1(172.16.20.10/24)、PC2(172.16.20.11/24)加入 VLAN20，PC3(172.16.20.30/24)加入 VLAN30，如表 3-8 所示。

表 3-8　IP 地址及子网掩码的分配

	IP 地址	子网掩码	VLAN
PC1	172.16.20.10	255.255.255.0	20
PC2	172.16.20.11	255.255.255.0	20
PC3	172.16.20.30	255.255.255.0	30

五、配置交换机

```
< Huawei > system - view          //用户视图
[Huawei]sysname S5700                          //将交换机名称改为 S5700
[S5700]vlan 20            //添加 VLAN 20
[S5700 - vlan2]quit                //退出 VLAN 视图
[S5700]vlan 30                      //添加 VLAN 30
[S5700 - vlan3]quit          //退出 VLAN 视图
[S5700]interface g0/0/1          //进入 g0/0/1 接口
[S5700 - GigabitEthernet0/0/1]port link - type access      //设置接口模式为 Access 模式
[S5700 - GigabitEthernet0/0/1]port default vlan 20    //将接口加入 VLAN 20
[S5700 - Ethernet0/0/1]quit                //退出 g0/0/1 接口
[S5700]interface g0/0/2
[S5700 - GigabitEthernet0/0/2]port link - type access        //设置接口模式为 Access 模式
[S5700 - GigabitEthernet0/0/2]port default vlan 20    //将接口加入 VLAN 20
[S5700 - GigabitEthernet0/0/2]quit
[S5700]interface g0/0/3
[S5700 - GigabitEthernet0/0/3]port link - type access        //设置接口模式为 Access 模式
[S5700 - GigabitEthernet0/0/3]port default vlan 30    //将接口加入 VLAN 30
[S5700 - GigabitEthernet0/0/3]quit
```

（1）分别配置 PC1，PC2，PC3 的 IP 地址，如图 3－54 所示。

图 3－54　PC 机的 IP 地址

（2）测试

在 PC1 ping PC2，测试结果为通畅（读者可自行测试）。PC1 ping PC3，测试结果为不通畅。PC2 ping PC3，测试结果为不通畅。说明同名 VLAN 能 ping 通，异名 VLAN 不能 ping 通，如图3－55所示。

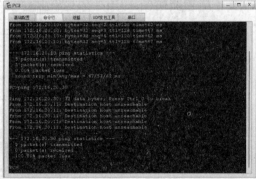

图 3－55　PC 机联通性

▶▶▶ 任务 3－5　组建小型局域网

一、项目背景

某公司办公区分为行政部和技术部，该公司通过一台出口路由器连接外网，为保障各部门内业务交流顺畅，同时部门之间相互隔离，请设计一个组网解决方案，实现部门内通信无障碍，部门间可以互通，但是根据需要通信。

二、需求分析

通过对该公司组网需求和职能部门构成分析，可将网络划分为两个小局域网，行政部一个局域网，通过一台二层交换机互连，技术部一个局域网，通过一台二层交换机互连，然后，通过路由器将行政部和技术部互连，如图 3－56 所示。

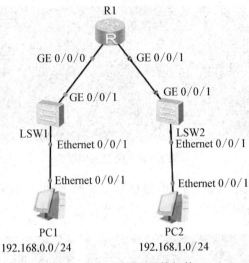

图 3-56　园区网网络拓扑

三、规划设计

➤ 传输介质:4 根 RJ-45 直通线

➤ 网络设备:一台低端路由器、两台二层交换机。

➤ 网络拓扑:图 3-56 所示的拓扑结构中,有两个广播域,因此共分配了两个 IP 网络号,交换机上不划分 VLAN,主机的 IP 地址可设置为该网段可分配的地址,如表 3-9 所示。

表 3-9　主机的 IP 分配

主机	IP 地址	网关
PC1/TFTP 服务器	192.168.0.10/24	192.168.0.1/24
PC2/TFTP 服务器	192.168.1.10/24	192.168.1.1/24

四、实施步骤

第一步　使用网线按照拓扑图中的连接要求,将 PC 机与交换机,以及交换机与路由器之间连接好,注意连接的端口相对应。

第二步　路由器的配置,首先使用 console 线连接路由器的 console 口和 PC 机的 RS232 口,打开 PC 机端的超级终端,连接上路由器之后,配置路由器的主机名和接口地址,配置命令如图 3-57 所示。

```
<Huawei>sys
<Huawei>system-view
Enter system view, return user view with Ctrl+Z.
[Huawei]un in en
Info: Information center is disabled.
[Huawei]sysname AR1
[AR1]int g0/0/0
[AR1-GigabitEthernet0/0/0]ip add 192.168.0.1 24
[AR1-GigabitEthernet0/0/0]int g0/0/1
[AR1-GigabitEthernet0/0/1]ip add 192.168.1.1 24
[AR1-GigabitEthernet0/0/1]quit
```

图 3-57　配置路由器

第三步　打开 PC 机端的超级终端,连接上交换机之后,开始配置交换机的主机名和管理地址,LSW1、LSW2 的配置命令,如图 3-58 所示。

```
<Huawei>system-view
Enter system view, return user view with Ctrl+Z.
[Huawei]un in en
Info: Information center is disabled.
[Huawei]sysname LSW1
[LSW1]int vlan
[LSW1]int Vlanif 1
[LSW1-Vlanif1]ip add 192.168.0.2 24
```

```
<Huawei>system-view
Enter system view, return user view with Ctrl+Z.
[Huawei]un in en
Info: Information center is disabled.
[Huawei]sysname LSW2
[LSW2]int vlan
[LSW2]int Vlanif 1
[LSW2-Vlanif1]ip add 192.168.1.2 24
[LSW2-Vlanif1]quit
```

图 3-58　配置交换机

第四步　查看路由器的接口状态,如图 3-59 所示。

```
[AR1]int g0/0/0
[AR1-GigabitEthernet0/0/0]dis this
[V200R003C00]
#
interface GigabitEthernet0/0/0
 ip address 192.168.0.1 255.255.255.0
#
return
```

图 3-59　查看接口

第五步　配置主机的 IP 地址,PC1/TFTP server 和 PC2/TFTP server 的 IP 配置如图 3-60,3-61 所示。

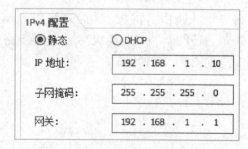

IPv4 配置		IPv4 配置	
⦿静态　○DHCP		⦿静态　○DHCP	
IP 地址:	192.168.0.10	IP 地址:	192.168.1.10
子网掩码:	255.255.255.0	子网掩码:	255.255.255.0
网关:	192.168.0.1	网关:	192.168.1.1

图 3-60　配置 PC1　　　　　　　图 3-61　配置 PC2

第六步　测试PC2访问LSW1,打开PC机的命令行控制台,输入测试命令,如图3-62所示。

```
PC>ping 192.168.0.2

Ping 192.168.0.2: 32 data bytes, Press Ctrl_C to break
From 192.168.0.2: bytes=32 seq=1 ttl=255 time=125 ms
From 192.168.0.2: bytes=32 seq=2 ttl=255 time=16 ms
From 192.168.0.2: bytes=32 seq=3 ttl=255 time=31 ms
From 192.168.0.2: bytes=32 seq=4 ttl=255 time<1 ms
From 192.168.0.2: bytes=32 seq=5 ttl=255 time=16 ms
```

图3-62　测试PC2与LSW1连通性

第七步　测试两台主机之间的连通性,如图3-63所示。

```
PC>ping 192.168.1.10

Ping 192.168.1.10: 32 data bytes, Press Ctrl_C to break
Request timeout!
From 192.168.1.10: bytes=32 seq=2 ttl=127 time=47 ms
From 192.168.1.10: bytes=32 seq=3 ttl=127 time=62 ms
From 192.168.1.10: bytes=32 seq=4 ttl=127 time=78 ms
From 192.168.1.10: bytes=32 seq=5 ttl=127 time=63 ms
```

图3-63　测试两台主机连通性

任务3-6　模拟多媒体教室局域网

一、需求分析

多媒体教室一直以来都是学校信息化建设的重点,通过将文字、图形、图像、声音集合在一起,采用生动活泼的声像显示,不仅丰富了教学手段,扩充了教学资源,而且提高了课堂教学效果。充实、形象、生动的授课内容,声像并茂的教学形式,激发学生的学习兴趣,强调了"以学生为主"的教学新思路,极大地提高了教学质量。

某学院拟与华为共建校企合作实训室,秉承以学生为中心,与学生产生互动性,更好地提高教学质量。列出本次项目设计的要求:

➢ 机房工位采用六边形圆桌进行布置,共10个工位,每个工位容纳5名学生,能够满足50个学生同时开展学习、实训,且每个学生配备一套PC机。

➢ 机房内部应该同时覆盖有线、无线网络,支持师生通过台式机、笔记本、手机等多种设备终端接入信息中心后转出外网,以方便师生通过"职教云"等平台开展网络在线教学。

➢ 机房内部前后方需安装有视频监控系统,并接入学校的视频监控中心,视频监控中心通过远程可以实时查看、收听机房的现场情况。

➢ 机房使用自动化门禁系统进行管理,支持人脸、电磁卡、密码识别。

二、方案设计原理

机房立体布置如图3-64所示,为方便开展招投标工作,学校要求信息中心联合企业初步拟定该机房局域网的建设方案。

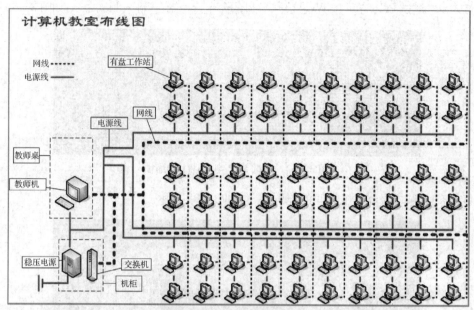

图 3 - 64　机房布置平面图

三、设计预算

学院准备将第四层作为校企合作实训室,改造单个多媒体教室购置网络设备的预算为 3 万元。

表 3 - 10　综合布线工程材料清单

产品名称	规格	单位
理线架	1U	个
PVC 线槽	20 mm×10 mm×2.8 m	条
	25 mm×12.5 mm×2.8 m	条
	30 mm×16 mm×2.8 m	条
	39 mm×18 mm×2.8 m	条
	50 mm×25 mm×2.8 m	条
PVC 线槽底盒	标准	个
PVC 暗盒	标准	个
PVC 线管	16 mm×2.8 m	条
	20 mm×2.8 m	条
	25 mm×2.8 m	条
金属桥架	50 mm×25 mm	米
	60 mm×22 mm	米
Cat5e 网络配线架	24 口、1U	个

续　表

产品名称	规格	单位
Cat5e 网线	305 米/箱	箱
Cat5e 水晶头	100 个/盒	盒
机柜	6U	个

网络硬件设备主要包括三层交换机、无线 AP、高清触摸电视、监控摄像头等。

表 3‑11　网络硬件预算表

产品名称	单价	数量	总价(元)	备注
多媒体电视互动一体机	11 000	1 台	11 000	高清触摸显示
S2952G-E	7 740	1 台	7 740	48 口三层交换机
S2928G-E	4 500	1 台	4 500	24 口三层交换机
3T87WDV2-LU	1 077	2 个	2 154	监控摄像头
AP110-w	2 500	1 个	2 500	无线 AP
硬件预算			27 894	

四、绘图

该楼层的走廊和室内均采用了室内吊顶,走廊吊顶内部署有金属桥架供弱电系统使用,经查勘,桥架目前利用率仅为 10%。该楼宇后续加装过一次监控系统,该监控系统线缆全部通过该金属桥架布线,室内采用了 PVC 线管布线。学校要求如果公司要进行弱电施工,不允许破坏原有的室内装潢。

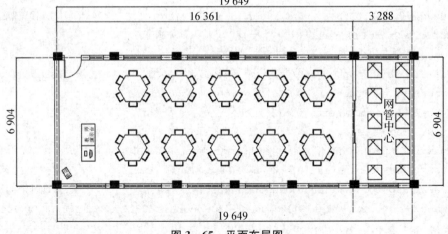

图 3‑65　平面布局图

五、模拟局域网

第一步　打开 eNSP 模拟器。

第二步 绘制拓扑图。

点击右上角"新建拓扑",如图 3-66 所示。

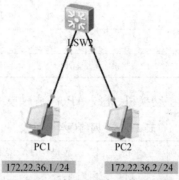

图 3-66 教室 PC 与交换机连接

第三步 配置 DHCP 服务。

动态主机配置协议 DHCP(Dynamic Host Configuration Protocol,动态主机配置协议)允许服务器向客户端动态分配 IP 地址和配置信息。

配置交换机 LW2。

```
[Huawei]sys              # 进入系统视图
[Huawei]vlan 10          # 创建 vlan10 的 vlan
[Huawei-Vlanif10]int vlan 10      # 进入 vlanif 接口
[Huawei-Vlanif10]ip address 172.16.22.254 24      # 设置 IP 地址 24 位掩码
[Huawei-Vlanif10]quit            # 退出
[Huawei]int g0/0/1               # 进入 1 号接口
[Huawei-GigabitEthernet0/0/1]port link-type access   # 当前接口设置 access 端口
模式,下接终端
[Huawei-GigabitEthernet0/0/1]port default vlan 10      # 当前接口设置默认 pvid
[Huawei-GigabitEthernet0/0/1]quit          # 退出
[Huawei]int g 0/0/2              # 进入 2 号接口
[Huawei-GigabitEthernet0/0/2]port default vlan 10      # 当前接口设置默认 pvid
[Huawei-GigabitEthernet0/0/2]port link-type access
[Huawei-GigabitEthernet0/0/2]quit          # 退出
[Huawei]dhcp enable              # 首先打开 DHCP
[Huawei]ip pool vlan10           # 新建一个 vlan10 的地址池
[Huawei-ip-pool-vlan10]gateway-list 172.16.22.254     # 设置一个 IP 网关
[Huawei-ip-pool-vlan10]network 172.16.22.0 mask 24     # 设置地址池的网段
[Huawei-ip-pool-vlan10]excluded-ip-address 172.16.22.1 172.16.22.254   # 预
留的 IP 段
[Huawei-ip-pool-vlan10]dns-list 114.114.114.114       # 设置 DNS
[Huawei-ip-pool-vlan10]quit              # 退出
[Huawei]int vlan 10              # 进入 vlanif 10 虚拟接口
[Huawei-Vlanif10]dhcp select global       # 打开 DHCP 关联
```

配置客户端。双击 PC1，如图 3 - 67 所示。选择 DHCP，并点击"应用"。

图 3 - 67　配置 PC 端获取地址方式

点击"命令行"选项，PC1，PC2 分别自动获取到 IP 地址，如图 3 - 68 所示。

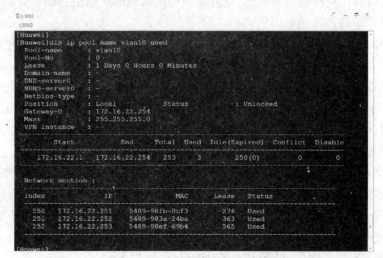

图 3 - 68　PC 端获取地址

查看地址池 IP 使用情况，如图 3 - 69 所示。

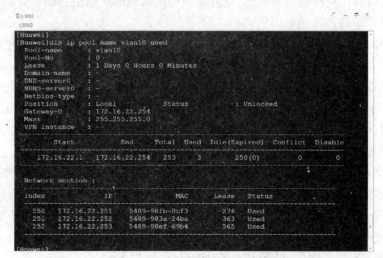

图 3 - 69　交换机地址池分配情况

课后习题

一、选择题(单选题)

1. 双绞线绞合的目的是(　　)。
   A. 增强绕合,更美观　B. 提高传送速度　　C. 减少干扰　　　　D. 增大传输距离

2. 网桥作为局域网上的互联设备,主要作用于(　　)。
   A. 物理层　　　　B. 数据链路层　　C. 网络层　　　　D. 高层

3. 在星型局域网结构中,连接文件服务器与工作站的设备是(　　)。
   A. 调制解调器　　B. 交换机　　　　C. 路由器　　　　D. 集线器

4. 对局域网来说,网络控制的核心是(　　)。
   A. 工作站　　　　B. 网卡　　　　　C. 网络服务器　　D. 网络互联设备

5. 在中继系统中,中继器处于(　　)。
   A. 物理层　　　　B. 数据链路层　　C. 网络层　　　　D. 高层

6. 在网络互连的层次中,(　　)是在数据链路层实现互联的设备。
   A. 网关　　　　　B. 中继器　　　　C. 网桥　　　　　D. 路由器

7. 我们所说的高层互连是指(　　)及其以上各层协议不同的网络之间的互联。
   A. 网络层　　　　　　　　　　　　B. 表示层
   C. 数据链路层　　　　　　　　　　D. 传输层

8. 如果在一个采用粗缆作为传输介质的以太网中,两个节点之间的距离超过 500 m,那么最简单的方法是选用(　　)来扩大局域覆盖的范围。
   A. 中继器　　　　B. 网关　　　　　C. 路由器　　　　D. 网桥

9. 路由器处于(　　)。
   A. 物理层　　　　B. 数据链路层　　C. 网络层　　　　D. 高层

10. 如果有多个局域网需要互连,并且希望将局域网的广播信息能很好地隔离开来,那么最简单的方法是采用(　　)。
    A. 中继器　　　　B. 网桥　　　　　C. 路由器　　　　D. 网关

11. 如果一台 NetWare 节点主机要与 SNA 网中的一台大型机通信,那么用来互连 NetWare 与 SNA 的设备应该选择(　　)。
    A. 网桥　　　　　B. 网关　　　　　C. 路由器　　　　D. 多协议路由器

12. 通过执行传输层及以上各层协议转换,或者实现不同体系结构的网络协议转换的互联部件称为(　　)。
    A. 集线器　　　　B. 路由器　　　　C. 交换机　　　　D. 网关

13. 双绞线可分为(　　)。
    A. 非屏蔽双绞线、屏蔽双绞线　　　B. 同轴电缆、屏蔽双绞线
    C. 光纤、非屏蔽双绞线　　　　　　D. 微波、屏蔽双绞线

14. 10Base-T 以太网中,以下说法不对的是(　　)。

    A. 10 指的是传输速率为 10 Mbps　　　B. Base 指的是基带传输

    C. T 指的是以太网　　　　　　　　　D. 10Base-T 是双绞线以太网

15. 100Base-T 使用(　　)作为传输媒体。

    A. 同轴电缆　　　　　B. 光纤　　　　　　C. 双绞线　　　　　D. 红外线

16. 目前使用的 5 类或超 5 类双绞线的传输距离不能超过(　　)。

    A. 100 米　　　　　　B. 50 米　　　　　　C. 10 米　　　　　　D. 80 米

17. T568B 的接线顺序为:(　　)。

    A. 橙白、橙、绿白、蓝、棕白、棕、蓝白、绿。

    B. 橙白、橙、绿白、蓝、蓝白、绿、棕白、棕。

    C. 绿白、蓝、橙白、橙、蓝白、绿、棕白、棕。

    D. 绿白、蓝、橙白、橙、棕白、棕、蓝白、绿。

二、判断题

1. 互连是指网络中不同计算机系统之间具有的透明访问对方资源的能力。　(　　)

2. 如果在网络互连中使用的是透明网桥,那么路由选择工作由发送帧的源节点来完成。
　(　　)

3. 如果互连的局域网高层采用了不同的协议,这时用普通的路由器就能实现网络互连。
　(　　)

4. 如果网关使用网间信息格式实现协议转换,当有 n 个网络需要互联时,需要为网关编写 $2n$ 个协议转换模块。　(　　)

5. 多协议路由器是一种在高层实现网络互连的设备。　(　　)

6. 网关通过广播方式解决节点位置不明确的问题,这样做有可能会引起常说的广播风暴。　(　　)

扫码可见本项目微课

2018 年,教育部办公厅关于印发《2018 年教育信息化和网络安全工作要点》通知中明确指出:鼓励具备条件的学校开展"无线校园"建设,配备师生用教学终端;充分发挥地方与学校的积极性与主动性,引导各级各类学校结合实际特色发展,开展数字校园、智慧校园建设与应用。无线网络作为一个基础接入网络,是数字校园和智慧校园必不可少的组成部分。

无线局域网(Wireless Local Area Network,WLAN)指应用无线通信技术将计算机设备互联起来,构成可以互相通信和实现资源共享的网络体系。WLAN 提供了一种能够将各种终端都使用无线进行互联的技术,为用户屏蔽了各种终端之间的差异性。WLAN 现在已经广泛地应用在商务区、大学、机场及其他公共区域。

本项目主要介绍无线局域网基础知识,掌握无线网标准协议和常见的家庭、校园无线组网的方式。

 学习要点

- 掌握无线局域网概念
- 了解常见无线网设备
- 掌握无线局域网协议标准
- 掌握家庭无线网的组网
- 掌握无线局域网简单组网方式

4.1 项目基础知识

4.1.1 无线局域网概述

1. Wi-Fi

Wi-Fi 联盟(Wireless Fidelity Alliance)是一个商业联盟,拥有 Wi-Fi 的商标。它负责 Wi-Fi 认证与商标授权的工作,总部位于美国德州奥斯汀(Austin)。成立于 1999 年,主要目的是在全球范围内推行 Wi-Fi 产品的兼容认证,发展802.11技术。目前,该联盟成员单位超过 200 家,其中 42% 的成员单位来自亚太地区,中国区会员也有 5 个。

表 4-1　Wi-Fi 版本

Wi-Fi 版本	Wi-Fi 标准	发布时间	最高速率	工作频段
Wi-Fi 7	IEEE 802.11be	2022 年	30 Gbps	2.4 GHz,5 GHz,6 GHz
Wi-Fi 6	IEEE 802.11ax	2019 年	11 Gbps	2.4 GHz 或 5 GHz
Wi-Fi 5	IEEE 802.11ac	2014 年	1 Gbps	5 GHz
Wi-Fi 4	IEEE 802.11n	2009 年	600 Mbps	2.4GHz 或 5 GHz
Wi-Fi 3	IEEE 802.11g	2003 年	54 Mbps	2.4 GHz
Wi-Fi 2	IEEE 802.11b	1999 年	11 Mbps	2.4 GHz
Wi-Fi 1	IEEE 802.11a	1999 年	54 Mbps	5 GHz
Wi-Fi 0	IEEE 802.11	1997 年	2 Mbps	2.4 GHz

无线网络上网可以简单地理解为无线上网,几乎所有智能手机、平板电脑和笔记本电脑都支持 Wi-Fi 上网,是当今使用最广的一种无线网络传输技术。实际上就是把有线网络信号转换成无线信号。比如家里的 ADSL、小区宽带等,只要接一个无线路由器,就可以把有线信号转换成 Wi-Fi 信号。

无线网络无线上网在大城市比较常用,虽然由 Wi-Fi 技术传输的无线通信质量不是很好,数据安全性能比蓝牙差一些,传输质量也有待改进,但传输速度非常快,可以达到 54 Mbps,符合个人和社会信息化的需求。Wi-Fi 最主要的优势在于不需要布线,可以不受布线条件的限制,因此非常适合移动办公用户的需要,并且由于发射信号功率低于 100 mW,低于手机发射功率,所以 Wi-Fi 上网相对也是比较安全的。

2. 无线局域网(WLAN)

有线网络无论组建、拆装还是在原有基础上进行重新布局和改建,都非常困难,且成本和代价也非常高。针对有线局域网的缺点:线路成本高、移动性差等,对组网便捷性和移动性的要求,促成了 WLAN 技术的诞生。

WLAN 具有以下特点。

(1) 安装便捷。WLAN 最大的优势就是免去或减少了网络布线的工作量。

(2) 使用灵活。一旦 WLAN 建成,无线网络信号覆盖区域内的任何一个位置都可以接入网络。WLAN 技术使得用户能够通过无线局域网,达到"信息随身化,便利走天下"的理想境界。组成 WLAN 的基本单元是基本服务集(BSS),BSS 包含一个固定的 AP 和多个终端。

(3) 成本降低。一旦某个单位的局域网的发展超出了设计规划,就要花费较多费用进行网络改造,WLAN 可以避免或减少这种情况发生。

(4) 扩展方便。WLAN 能胜任从只有几个用户的小型 LAN 到上千用户的大型网络,并且能提供诸如漫游(Roaming)等有线网络无法提供的功能。

无线 AP 是使用无线设备(手机等移动设备及笔记本电脑等无线设备)用户进入有线网络的接入点,主要用于宽带家庭、大楼内部、校园内部、园区内部以及仓库、工厂等需要无线监控的地方,典型距离覆盖几十米至上百米,也有可以用于远距离传送,最远的可以达到 30 km 左右。AP 分为室内 AP、室分 AP 和室外 AP。

(1) 室内:室内放装型 AP 设备。对于建筑结构较简单、面积相对较小、用户相对集中的场合及对容量需求较大的区域,如小型会议室、酒吧、休闲中心等场景宜选用室内放装型 AP 设备,该类型设备可根据不同环境灵活实施分布,也可同时工作在 AP 和桥接等混合模式下。

(2) 室分:室内分布型 AP 设备。对于建筑面积较大、用户分布较广且已建有多系统合用的室内分布系统的场合,如大型办公楼、商住楼、酒店、宾馆、机场、车站等场景宜选用室内分布型 AP 设备,以实现对室内 WLAN 信号的覆盖。

(3) 室外:室外分布型 AP 设备。对于接入点多,用户量大,且用户分布较为集中的场合下,如学校、大型会展中心等大型场所,宜选用室外 AP 设备组网。

AC(Access Control):接入控制器,负责把来自不同 AP 的数据进行汇聚并接入 Internet,同时完成 AP 设备的配置管理、无线用户的认证、管理及宽带访问、安全等控制功能。

3. 独立基本服务集(IBSS)

IBSS(Independent BSS)是最简单的通信方式,终端通过自身的无线网卡直接通信,当设备之间的网卡都设置成 ad hoc(点对点)模式时,它们之间可以相互连接并传输文件。有效距离 20—40 米范围内,就可在终端上查找到对方,设置好共享,让多台设备之间通过直接连接方式进行数据共享。最简单的方式是两台安装有无线网卡的计算机实施无线互联,其中一台计算机连接 Internet 就可以共享带宽,如图 4-1 所示。

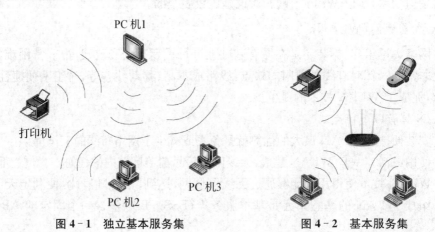

图 4-1　独立基本服务集　　　　图 4-2　基本服务集

4. 基本服务集(BSS)

BSS(Basic Service Sets)基本服务集是由 AP(无线接入点)提供的无线信号决定的区域(蜂窝),也被称为基本服务区(BSA),如图 4-2 所示。在实际情景中,BSS 指的是一个区域内多台设备能通过这台 AP 的无线信号上网和相互通信,比如一家火锅店内,在这个范围内顾客和员工使用手机、笔记本等设备上网,都是通过这家店的一台无线路由器。BSS 包含一个固定的 AP 和多个终端。

服务集标识符(SSID)是一个独一无二的 32 字符标识符,是对 BSS 的标识。简单地说就是一个独一无二的标识,如一般家庭在无线路由器上设置一个 SSID 可以是中文,也可以是字符。当使用手机、笔记本或者一些家用电器连接 Wi-Fi 时就可以看到很多名称,这些标识就是 SSID。

5. 扩展服务集(ESS)

ESS(Extended Service Sets,扩展服务集)是扩展无线网络覆盖范围,通过分布式系统连接多个使用相同 SSID 的 BSS 来构成。接入点的覆盖范围之间部分重叠,以实现客户端的无缝漫游。使用者在无线覆盖区域内移动时,信息号不中断。

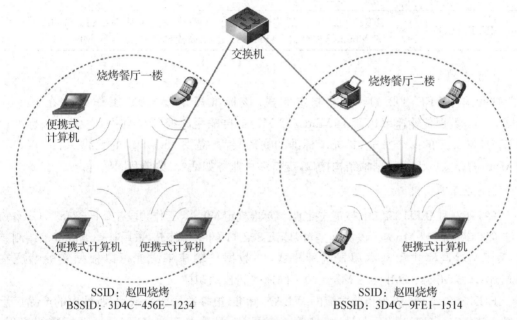

图 4-3 扩展基本服务集

如图 4-3 所示的 ESS 由两个 BSS 区域构成,SSID 相同,BSSID 不同,SSID 相同是为了使用者在接入 WIFI 信号下不用转换网络来源,BSSID 不同是使用了两个的 AP(无线接入点)。

4.1.2 无线局域网协议标准

作为全球公认的局域网权威,IEEE 802 工作组建立的标准在局域网领域内得到了广泛应用。这些协议包括 802.3 以太网协议、802.5 令牌环协议和 802.3z 快速以太网协议等。IEEE 于 1997 年发布了无线局域网 802.11 协议。1999 年 9 月,IEEE 提出 802.11b 协议,用于对 802.11 协议进行补充,之后又推出了 802.11a、802.11g 等一系列协议,从而进一步完善了无线局域网规范。IEEE802.11 工作组制订的具体无线局域网协议如表 4-2所示。

表 4-2　无线局域网协议标准

IEEE 802.11 系列	说明
IEEE 802.11b	1999 年 9 月通过,工作在 2.4—2.483 GHz 频段,数据传输速率为 11 Mbit/s。IEEE 802.11b 具有 5.5 Mbit/s、2 Mbit/s、1 Mbit/s 3 个低速档次。当工作站之间距离过长或干扰太大、信噪比低于某个门限值时,数据传输速率能够从 11 Mbit/s 自动降到 5.5 Mbit/s、2 Mbit/s 或者 1 Mbit/s,通过降低数据传输速率来改善误码率性能。其采用了 CSMA/CD 协议。
IEEE 802.11a	出现得比 802.11b 晚,工作在 5 GHz 频段。数据传输速率高达 54 Mbit/s。该频段用得不多,干扰和信号争用情况较少。其采用了 CSMA/CD 协议。
IEEE 802.11g	2001 年 11 月 15 日通过,兼顾 802.11a 和 802.11b,为 802.11b 过渡到 802.11a 奠定了基础。
IEEE 802.11n	IEEE 802.11n 计划将 WLAN 的数据传输速率从 802.11a 和 802.11g 的 54 Mbit/s 增加至 108 Mbit/s 以上,最高传输速率可达 320 Mbit/s。

1. 802.11a

1999 年,IEEE 802.11a 标准制定完成,该标准规定 WLAN 工作频段在 5.15—5.825 GHz,数据传输速率达到 54 Mbps/72 Mbps,传输距离控制在 10—100 米。该标准也是 IEEE 802.11 的一个补充,扩充了标准的物理层,可提供 25 Mbps 的无线 ATM 接口和 10 Mbps 的以太网无线数据帧结构接口,支持多种业务如话音、数据和图像等。

2. 802.11b

1999 年 9 月 IEEE 802.11b 被正式批准,该标准规定 WLAN 工作频段在 2.4—2.483 5 GHz,数据传输速率达到 11 Mbps。该标准是对 IEEE 802.11 的一个补充,采用补偿编码键控调制方式,采用点对点模式和基本模式两种模式,在数据传输速率方面可以根据实际情况在 11 Mbps、5.5 Mbps、2 Mbps、1 Mbps 的不同速率间自动切换。

IEEE 802.11b 已成为当前主流的 WLAN 标准,被多数厂商所采用,所推出的产品广泛应用于办公室、家庭、宾馆、车站、机场等众多场合,但是由于许多 WLAN 新标准的出现,IEEE 802.11a 和 IEEE 802.11g 更是倍受业界关注。

3. 802.11g

该标准提出拥有 IEEE 802.11a 的传输速率,安全性较 IEEE 802.11b 好,同时做到与 802.11a 和 802.11b 兼容。

虽然 802.11a 较适用于企业,但 WLAN 运营商为了兼顾现有 802.11b 设备投资,选用 802.11g 的可能性极大。

4.1.3　无线局域网应用

WLAN 的实现协议有很多,其中最为著名也是应用最为广泛的当属无线保真技术——Wi-Fi,它实际上提供了一种能够将各种终端都使用无线进行互联的技术,为用户屏蔽了各种终端之间的差异性。

WLAN 的典型应用场景如表 4-3 所示。

表 4 - 3　典型的 WLAN 应用场景

场景类型	场景特点
校园	用户密集极高,并发用户数高,突发流量大,网络质量敏感
会议室、会展中心	用户密集极高,并发用户数高,突发流量大,网络质量敏感,覆盖区域开阔、无阻挡
宾馆酒店	用户密度低,并发用户少,持续流量较小,覆盖范围大,覆盖区域受住宿房间阻挡
休闲场所	用户密度不高,持续流量较小,覆盖范围小,覆盖区域基本无阻挡
交通枢纽	用户流动性大,覆盖范围较大,覆盖区域较开阔、无阻挡,网络质量敏感度低

4.2　项目设计

　　雨火集团最近在天空城新租用了一栋综合商、住两用楼,用于公司临时办公,由于原楼层未进行信息化改造,考虑到是短期租用,公司信息部建议通过部署无线来实现智能移动网络接入,用于购置无线设备的预算为 15.5 万元。

　　该楼层室内无吊顶,开放式办公区和走廊为吊顶布置,原有强电布线室内外均采用了 PVC 线槽敷设,独立办公室布为有线网络,客户希望利用原有网络。墙高 3 米,无梁,如图 4 - 4 所示,利用 Visio 绘制平面示意图,并设计合理的方案,提供高效的保障服务,保障公司各项业务的高效运营。

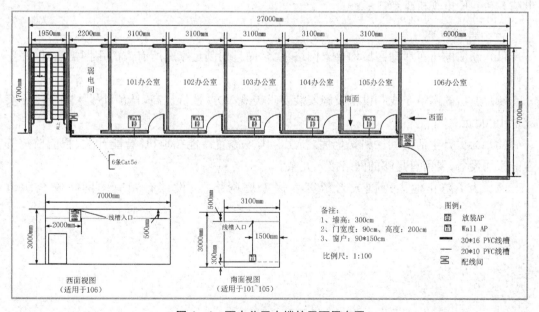

图 4 - 4　雨火公司大楼的平面局布图

4.3 项目实施

▮▶ 任务 4-1 组建家庭无线局域网

赵四于今年购买的房产已经交付,为满足家庭日常的用网需求,李老师和她的团队提供了家庭局域网的建设方案。赵四的家庭基本情况如下:

(1) 赵四家里共 6 口人,夫妇两人均为独生子女,赡养有两位已退休的老人,并育有一儿一女。

(2) 赵四从事建筑设计行业,晚上经常需要居家加班,经常性需要通过 VPN 连接公司内网下载和上传设计图纸等相关资料。

(3) 赵四的妻子从事教师行业,晚上一般都会居家备课,并向智慧职教等在线教学平台上传相关教学素材。

(4) 两位老人平时在家都有不同的爱好,例如收看网络电视、网络炒股、收看学习强国视频、看网络视频学菜谱等。

(5) 子女均已上小学,周末、假期时都报名网络学习课程,需通过平板电脑进行学习,其余时间会通过玩游戏、刷视频等方式消遣娱乐。

(6) 目前家里人手 1 部手机,且拥有台式工作站 1 台、联想笔记本电脑 2 台、华为平板电脑 3 台、4K 电视机 1 台。

一、建设需求

(1) 新房的所有活动区域均要求网络覆盖,而且要满足家庭所有人的用网需求,网络不卡顿。

(2) 新房的网络布线和设备设施安装要求美观大方、性价比高,且预计投入的资金不会超过 1 000 元。

(3) 为提升生活便利性和安全性,新房会考虑添置智能扫地机、智能开关、智能监控等智能家居设备,要留有足够的网络接入冗余。

(4) 为了防止他人蹭网或者黑客入侵家庭网络,应设计有相应的网络安全防范措施。

二、使用 Visio 完成《家庭网络布线》的设计

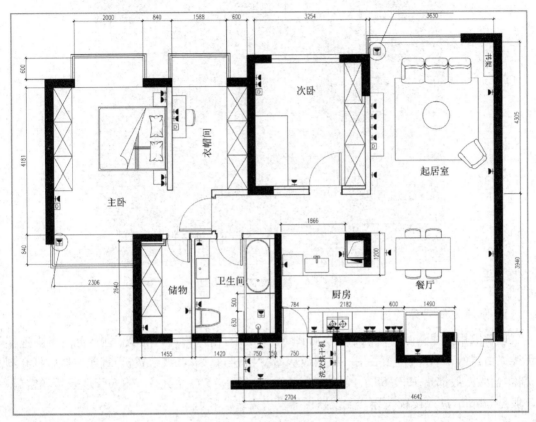

图 4 - 5　家庭网络布线平面图

三、编制《家庭网络布线预算表》

表 4 - 4　经典课堂方案组成表

产品名称	单价	数量	总价(元)	备注
Cat5e 水晶头	0.49 元/个	10	4.9	
Cat5e 网线	0.5 元/米	50 米	25	
TP-link 路由器	40 元	1 台	40	
总预算			69.9	

四、制作沙盘模型

利用建筑工具"模袋云",在线绘制沙盘模型,如图 4 - 6 所示。

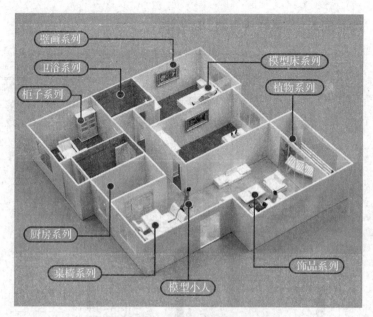

图 4-6　绘制立体沙盘模型

1. 家庭无线网结构图

理解家用无线路由器联网结构。如图 4-7 所示,由入户光纤接入光猫,再由光猫连接无线路由器的 WAN 口,然后用一根网线从 LAN 口与笔记本(或台式机)直连。然后打开浏览器,输入一般都是 192.168.1.1 或者 192.168.0.1(具体查看说明书),输入管理账号和密码,一般是 admin,进入设置向导。无线路由器发射无线信号。

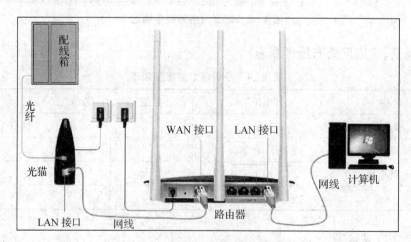

图 4-7　家用无线路由器联网结构

2. 初始化设置

初次登录,需要设置密码,选择上网方式。家庭宽带一般选择宽带拨号上网,然后输入宽带账号和密码,如图 4-8 所示。

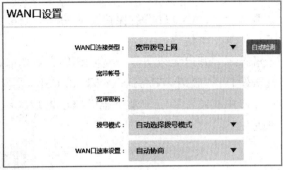

图 4-8　基础配置

3. 开启 DHCP

为连接设备分配 IP 地址段。同时设置无线网络名称和密码，如图 4-9 所示。

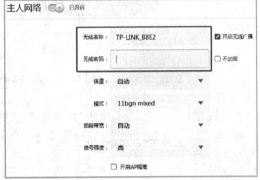

图 4-9　设置无线网参数

▋▶ 任务 4-2　家庭无线局域网的桥接

次卧离主卧之间隔了两道墙，而且没有拉网线，信号传到次卧就非常微弱了。通过"无线中继"的方式对家里的网络进行优化。

无线路由器桥接是把两个不同物理位置的、不方便布线的用户连接到同一局域网，可以起到信号放大的作用。

一般来说需要满足以下条件：

➤ 要知道两个路由器的 SSID 号，并开启 SSID 广播。

➤ 两个路由器的名称不能相同，（所有电脑和无线路由器的 IP 地址都不能相同，所以副路由器 IP 要改为 192.168.1.2）。

➤ 需要在同一信道下面。

➤ 副路由器的 DHCP 服务的修改。

➤ 最好两个路由器的无线密码设置相同。

　第一步　把 Tplink 路由器 B 放在 A 路由器的信号半径内，并接通电源。连接好网络，地址栏输入 192.168.1.1,用户名:admin,密码:admin,如图 4 - 10 所示。

第二步　LAN 口设置:保持默认的 192.168.1.1。无线设置:SSID 改为"WIFI-1"(自己命名),任选一个信道。

第三步　开启无线功能,开启 SSID 广播功能(让无线设备可以搜索到这个无线路),无线安全设置:一般用 WPA-PSK/WPA2-PSK,设置密码。

第四步　设置 DHCP 服务器。路由器默认是开启的,使主路由器自动分配下级设备的 IP 地址。

图 4 - 10　Tplink 路由器

第五步　电脑/手机连接到 B Tplink 路由器的网络。

> **注意**:此时 B Tplink 路由器不能上网,电脑/手机连接到它的网络后也不能上网,这是正常情况。但是,这时候电脑/手机是可以登录到 B Tplink 路由器的设置页面,并对其进行设置的。

第六步　连接好网络,地址栏输入 192.168.1.1,用户名:admin,密码:admin。WAN 口设置不用设置。LAN 口设置:修改默认的 192.168.1.1 为 192.168.1.2。

第七步　无线设置:打开 WDS 功能,搜索 SSID 为"WIFI-1"的无线,点击桥接,输入 WIFI-1 的密码,设置 SSID:WIFI-2(自己命名)。信道:要和前边的主路由器信道相同。

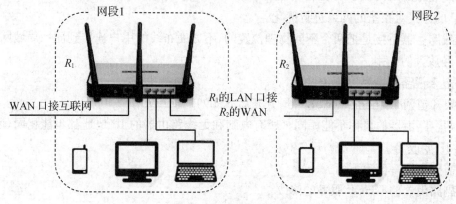

图 4 - 11　桥接示意图

第八步 在电脑/手机的浏览器中输入 tplogin.cn,打开 B Tplink 路由器的登录页面。输入管理员密码,进入它的设置页面。

第九步 打开"应用管理"这个设置选项,如图 4-12 所示。

图 4-12 "应用管理"设置选项

第十步 进入"无线桥接"这个选项,如图 4-13 所示。

图 4-13 "无线桥接"设置选项

第十一步 开启 WDS 功能。此时,B Tplink 路由器会自动扫描附近的 Wi-Fi 信号,等待几秒钟即可。在扫描的结果中,找到第一台 Tplink 路由器的 Wi-Fi 名称,如图 4-14 所示。接着输入 A Tplink 路由器的 Wi-Fi 密码,如图 4-15 所示。

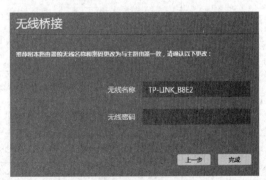

图 4-14 自动扫描 Wi-Fi 信号　　　　　　图 4-15 设置 Wi-Fi 名称和密码

第十二步 记录页面上出现的 IP 地址。

> **注意**：无线桥接设置完成后，使用 tplogin.cn 无法进入 B Tplink 路由器的设置页面了，只能使用这里记录的 IP 地址，才能进入 B Tplink 路由器的设置页面。

第十三步 设置 B Tplink 路由器的 Wi-Fi 名称和密码，并点击"完成"。

第十四步 无线桥接设置完成。请读者在手机端测试网络。

▌▶ 任务 4-3 微型企业无线网部署

一、项目需求分析

以 50 m² 便利超市场景为例，介绍网关＋交换机＋AP 组网如何进行网络部署。陈同学毕业后，租下了学校附近一间面积约 50 m² 的商铺，准备开一个便利超市，最近她找到了某网络公司陈经理，想把超市的网络搭建好，希望能满足以下基本要求：

➢ 规划访客、办公、视频监控这 3 个子网；访客子网供顾客上网使用，办公子网用于接入超市终端，视频监控子网用于接入摄像头。

➢ 开通一个访客 Wi-Fi，需要对顾客上网流量进行限速，不能影响办公子网的流量。

➢ 开通一个办公 Wi-Fi，需要输入密码认证。

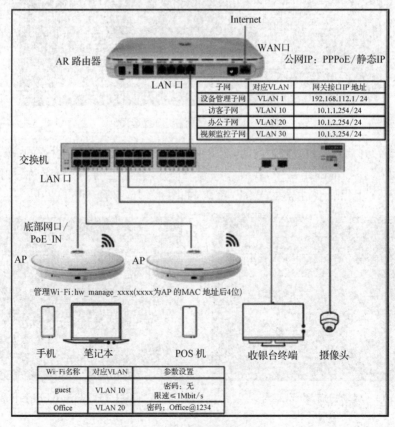

图 4-16 便利超市组网图

二、项目实施

如图 4-16 所示,采用小型的组网方案可满足上述需求,整网设备支持通过 APP 进行 Wi-Fi 设置,并在华为"坤灵"平台上线;开局部署完成后,支持通过 APP 远程运维。

三、设备选型

所需要的设备主要包括网关、交换机、AP、摄像头和电脑若干台,如表 4-5 所示。

表 4-5　设备选型

分类	设备	数量
网关	AR303	1 台
交换机	S200	1 台
AP	AP263	1 台
摄像头		1 台
电脑		若干台

四、数据规划

表 4-6　数据规划

互联链路	接口 VLAN 规划
路由器—交换机	交换机上行口:设置为 trunk 类型,允许 VLAN1、VLAN 10、VLAN 20、VLAN30 通过
交换机—AP	交换机下行口:设置为 trunk 类型,允许 VLAN1、VLAN 10、VLAN 20 通过 AP 上行口:无需设置,会自动允许 SSID 设置的业务 VLAN 通过
交换机—有线端	交换机下行口:设置为 access 类型,允许 VLAN 20 通过
交换机—摄像头	交换机下行口:设置为 access 类型,允许 VLAN 30 通过

▶▶ 任务 4-4　中型企业无线网络勘测与设计

学校为了加快单位信息化建设步伐和提高工作效率,计划对老办公大楼搭建无线网络以方便员工办公需求。办公大楼为平房建筑,整体分为办公区和大厅、大小办公室和会议室共 10 余间,会议室的接入密度较大。为了提高信息化办公效率,办公楼还提供视频会议服务,该应用对 AP 的吞吐性能有较高要求。为此公司邀请网络有限公司工程师到现场进行勘测并确定 AP 点位位置。办公大楼的平面布局图,如图 4-17 所示。

一、项目需求分析

一个新的无线项目的部署,首先需要针对目标区域做好无线网络的勘测与设计,具体涉及以下工作任务:

➢ 评估无线接入用户的数量。

➢ 评估用户无线上网的吞吐量。

➢ 获取需要无线覆盖的建筑平面图。

➢ AP 选型。

➢ AP 点位与信道规划。

➢ 输出无线地勘报告。

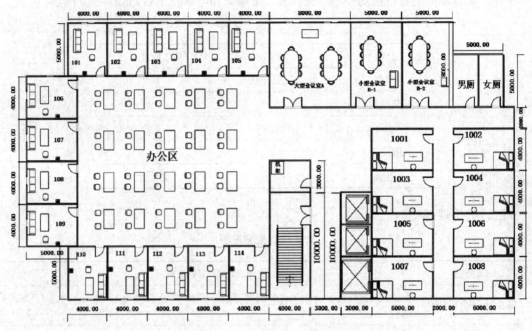

图 4-17　办公大楼的平面布局图

二、项目实施

对无线网络用户数评估从项目背景得知,办公区域约 100 平方米的空间,分为办公室和大厅两部分,每天来大楼的流量预计为 50 人/小时。无线网络工程师最终同行政单位信息部负责人确认,本次无线覆盖将按以往经验,按 75％的用户接入无线为例,并针对每个区域做了细化的统计,统计表如表 4-7 所示,最终设定无线接入人数为 280 人左右。

表 4-7　各区域 AP 接入数量

AP 接入用户数	无线覆盖区域	AP 接入带宽
90	大会议室	200 Mbps
30	大办公室	200 Mbps
20	小办公室	100 Mbps
200	大厅	200 Mbps

办公大楼的无线信号需要为视频高速直播业务、访客与办公人员提供不同的无线接入带宽,无线工程师决定设置多个 SSID,每个 SSID 限制不同的速率;最终确定各 SSID 信息如表 4-8 所示。

表 4-8　SSID 信息表

接入终端	SSID	是否加密	限制速率
视频直播	Video-wifi	是	4 Mbps
访客	Guest-wifi	否	1 Mbps
办公人员	Office-wifi	是	2 Mbps

三、Visio 绘制宿舍楼宇无线网架构

勘察员经前期电话沟通,已知行政单位负责人并没有该建筑的现场环境图纸,因此勘察员在约定时间携带激光测距仪、笔、纸、卷尺等设备到达现场,并边绘制草图边开展现场调研工作。经过一个多小时的时间,勘察员已经绘制了一张办公大楼的图纸初稿。

同时,勘察员在现场环境调研中确认现场环境,并反馈给无线工程师。

(1) 会议室及办公室有吊顶。

(2) 大厅有铝制板吊顶。

(3) 大楼主体墙体为混凝土墙体,楼内建筑物为 120 mm 砖墙,各办公室门为木门,行政大楼大门为防弹玻璃门。工程师根据现场绘制的草图在 Visio 中绘制为电子图纸。根据草图绘制墙体,在墙体上绘制门、窗,使用标尺将主要墙体的距离进行标注,并使用文本框对每个房间进行标注,最终完成现场的电子平面图,如图 4-18 所示。

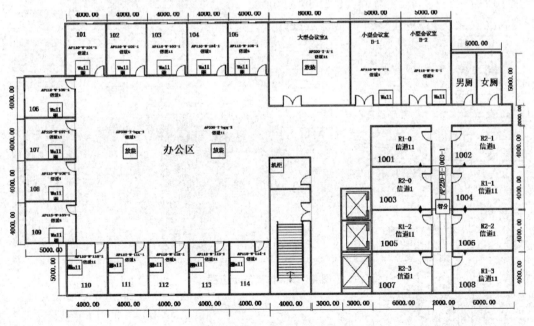

图 4-18　AP 点位参考示意图

使用无线地勘软件,输出 AP 点位图的 2.4G 信号仿真热图(仿真信号强度要求大于 -65 db),参考示意图如图 4-19 所示。

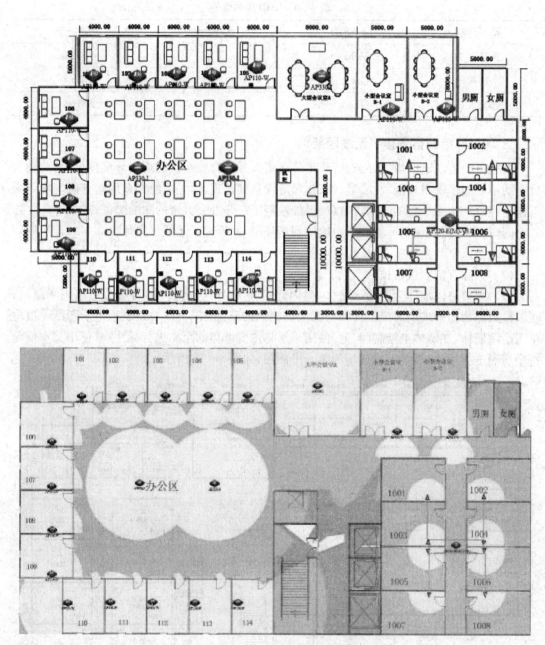

图 4-19   仿真热示意图

四、AP 选型

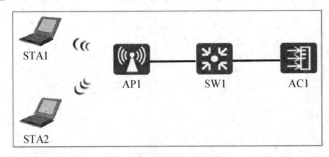

图 4-20　某办公室拓扑图

勘察员选用华为无线 AC6650 和无线 AP4030，针对一个办公室做模拟无线网络环境，其的网络拓扑如图 4-20 所示，其端口、IP 地址规划如表 4-9 所示。

表 4-9　端口、IP 地址规划

本端设备	端口号	端口类型	对端设备	端口号
SW1	G0/0/1	TRUNK	AP1	G0/0/1
SW1	G0/0/2	TRUNK	AC1	G0/0/2

五、组网模拟

组网拓扑和具体要求如下：

➢ 在有线网络的基础上，添加一个无线 AP 实现网络覆盖。无线 AP 广播 2 个 SSID，分别对应两个 VLAN。

➢ AP 接在可网管的接入设备上（接口配置为 trunk），交换机已经划分 VLAN1、VLAN10、VLAN20，AP 充当透明设备实现无线覆盖，用户能通过不同 SSID 无线接入 VLAN1、VLAN10、VLAN20 获取 IP 地址上网。

➢ VLAN10 为办公人员使用，网段为：10.1.1.0/24；VLAN20 为访客使用，网段为：20.1.1.0/24。

表 4-10　配置项列表

配置项	数据
DHCP 服务器	AC 作为 DHCP 服务器为 STA 和 AP 分配 IP 地址
AP 的 IP 地址	10.1.1.2—10.1.1.254/24
STA 的 IP 地址	20.1.1.2—20.1.1.254/24
AC 的源接口 IP 地址	10.1.1.1/24
AP 组	名称：test 引用模板：VAP 模板 wlan-vap、域管理模板 domain-test
域管理模板	名称：domain-test 国家代码：CN

配置项	数据
SSID 模板	名称：wlan-ssid SSID 名称：wlan-gky
DHCP 服务器	AC 作为 DHCP 服务器为 STA 和 AP 分配 IP 地址
AP 的 IP 地址	10.1.1.2—10.1.1.254/24
STA 的 IP 地址	20.1.1.2—20.1.1.254/24
安全模板	名称：wlan-security 安全策略：WPA2＋PSK＋AES 密码：Aa123456

第一步　配置 AC 和交换机，实现 AP、AC 和交换机之间二层互通。先配置交换机 SW1。

```
< Huawei > system - view
[Huawei]sysname SW1
[SW1]vlan batch 10 20
[SW1]interface GigabitEthernet 0/0/1
[SW1 - GigabitEthernet0/0/1]port link - type trunk
[SW1 - GigabitEthernet0/0/1]port trunk pvid vlan 10
[SW1 - GigabitEthernet0/0/1] port trunk allow - pass vlan 10 20
[SW1 - GigabitEthernet0/0/1]quit
[SW1]interface GigabitEthernet 0/0/2
[SW1 - GigabitEthernet0/0/2]port link - type trunk
[SW1 - GigabitEthernet0/0/2] port trunk allow - pass vlan 10 20
[SW1 - GigabitEthernet0/0/2]quit
```

第二步　配置无线控制器 AC1，配置命令如下所示。

```
< AC6605 > system - view
[AC6605]sysname AC1
[AC1]vlan batch 10 20
[AC1]interface GigabitEthernet 0/0/2
[AC1 - GigabitEthernet0/0/2]port link - type trunk
[AC1 - GigabitEthernet0/0/2]port trunk pvid vlan 10
[AC1 - GigabitEthernet0/0/2]port trunk allow - pass vlan 10 20
[AC1 - GigabitEthernet0/0/2]quit
```

第三步　在 AC1 上配置基于接口的 DHCP 服务器，为 AP1、STA1 和 STA2 提供 IP 地址，配置命令如下所示。

```
[AC1]dhcp enable
[AC1]interface vlan 10
[AC1-Vlanif10]ip address 10.1.1.1 24
[AC1-Vlanif10]dhcp select interface
[AC1-Vlanif10]quit
[AC1]interface vlan 20
[AC1-Vlanif20]ip address 20.1.1.1 24
[AC1-Vlanif20]dhcp select interface
[AC1-Vlanif20]quit
```

　　第四步　配置 AP 上线,创建 AP 组,用于将需要进行相同配置的 AP 加入 AP 组,实现统一配置,配置命令如下所示。

```
[AC1]wlan
[AC1-wlan-view]ap-group name test
[AC1-wlan-ap-group-test]quit
```

　　第五步　创建域管理模板,在域管理模板下配置 AC 的国家码,并在 AP 组中引用该域管理模板,配置命令如下所示。

```
[AC1-wlan-view]regulatory-domain-profile name domain-test
[AC1-wlan-regulate-domain-domain-test]country-code cn
[AC1-wlan-regulate-domain-domain-test]quit
[AC1-wlan-view]ap-group name test
[AC1-wlan-ap-group-test]regulatory-domain-profile domain-test
Warning: Modifying the country code will clear channel, power and antenna gain c
onfigurations of the radio and reset the AP. Continue? [Y/N]:y
[AC1-wlan-ap-group-test]quit
[AC1-wlan-view]quit
```

　　第六步　配置 AC 的源接口,配置命令如下所示。

```
[AC1]capwap source interface Vlanif 10
```

　　第七步　配置 AP 上线的认证方式并,实现 AP 正常上线,配置命令如下所示。

```
[AC1]wlan
[AC1-wlan-view]ap auth-mode sn-auth
[AC1-wlan-view]ap whitelist sn 2102354483106C238109
[AC1-wlan-view]ap-regroup ap-id 0 new-group test
Warning: This operation may cause AP reset. If the country code changes, it will
clear channel, power and antenna gain configurations of the radio, Whether to c
ontinue? [Y/N]:y
Info: This operation may take a few seconds. Please wait for a moment.. done.
[AC1-wlan-view]quit
```

第八步　配置 AP 上线认证模式为 SN,SN 号可以从 AP 设备上获取。如图 4 - 21 所示。

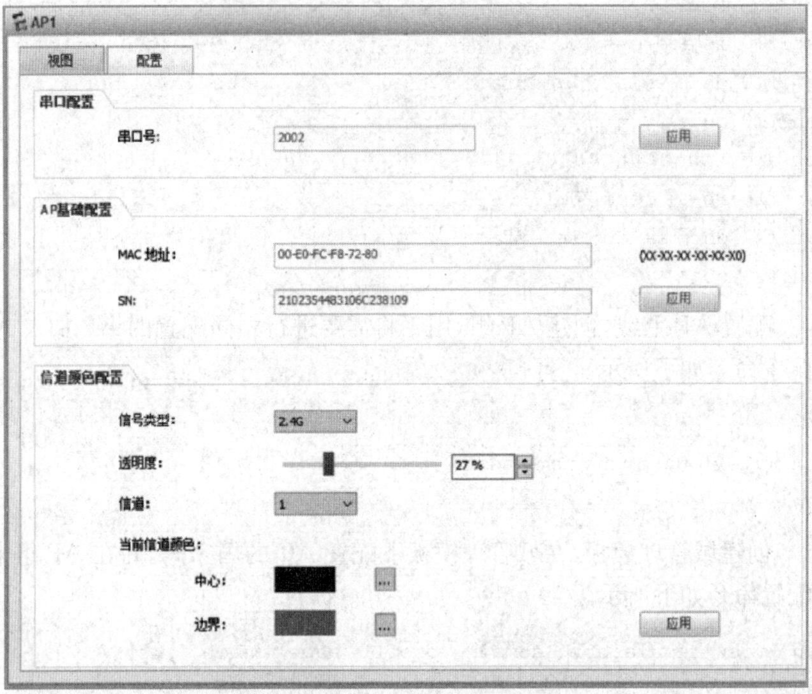

图 4 - 21　获取 SN 号

第九步　创建名为"wlan - security"的安全模板,并配置安全策略。

```
[AC1]wlan
[AC1 - wlan - view]security - profile name wlan - security
[AC1 - wlan - sec - prof - wlan - security]security wpa2 psk pass - phrase Aa123456 aes
[AC1 - wlan - sec - prof - wlan - security]quit
```

第十步　创建名为"wlan - ssid"的 SSID 模板,并配置 SSID 名称为"wlan - gky"。

```
[AC1 - wlan - view]ssid - profile name wlan - ssid
[AC1 - wlan - ssid - prof - wlan - ssid]ssid wlan - gky
Info: This operation may take a few seconds, please wait.done.
[AC1 - wlan - ssid - prof - wlan - ssid]quit
```

第十一步　创建名为"wlan - vap"的 VAP 模板,配置业务数据转发模式、业务 VLAN,并且引用安全模板和 SSID 模板。

```
[AC1 - wlan - view]vap - profile name wlan - vap
[AC1 - wlan - vap - prof - wlan - vap]forward - mode tunnel
[AC1 - wlan - vap - prof - wlan - vap]service - vlan vlan - id 20
[AC1 - wlan - vap - prof - wlan - vap]security - profile wlan - security
[AC1 - wlan - vap - prof - wlan - vap]ssid - profile wlan - ssid
[AC1 - wlan - vap - prof - wlan - vap]quit
```

第十二步　将 VAP 模板应用于 AP 组。

```
[AC1 - wlan - view]ap - group name test
[AC1 - wlan - ap - group - test]vap - profile wlan - vap wlan 1 radio 1
```

第十三步　通过执行命令 display vap ssid wlan-gky 查看如下信息,当"Status"项显示为"ON"时,表示 AP 对应的射频上的 VAP 已创建成功。

```
[AC1]display vap ssid wlan - gky
Info: This operation may take a few seconds, please wait.
WID : WLAN ID
- - - - - - - - - - - - - - - - - - - - - - - - - - - -
AP ID AP name    RfID WID BSSID           Status Auth type STA SSID
- - - - - - - - - - - - - - - - - - - - - - - - - - - -
0  00e0 - fcf8 - 7280 1    1   00E0 - FCF8 - 7290 ON    WPA2 - PSK    1  wlan - gky
- - - - - - - - - - - - - - - - - - - - - - - - - - - -
```

第十四步　STA 搜索到名为"wlan-gky"的无线网络,输入密码"Aa123456"并正常关联后,在 AC 上执行 display station ssid wlan-gky 命令,可以查看到用户已经接入到无线网络"wlan-gky"中,并看到用户主机的 IP 地址和 MAC 地址。

```
[AC1]display station ssid wlan - gky
Rf/WLAN: Radio ID/WLAN ID
Rx/Tx: link receive rate/link transmit rate(Mbps)
- - - - - - - - - - - - - - - - - - - - - - - - - - -
STA MAC   AP ID Ap name     Rf/WLAN Band Type Rx/Tx    RSSI VLAN IP address
- - - - - - - - - - - - - - - - - - - - - - - - - - -
5489 - 98df - 15f8   0    00e0 - fcf8 - 7280 1/1    5G    11a 0/0    - 20    20.1.1.91
5489 - 98f9 - 2627   0    00e0 - fcf8 - 7280 1/1    5G    11a 0/0    - 20    20.1.1.252
- - - - - - - - - - - - - - - - - - - - - - - - - - -
```

 课后习题

一、填空题

1. 在 WLAN 中,_____是最早发布的基本标准,和_____标准的传输速率都达到了 54 Mbit/s,_____和_____标准是工作在免费频段上的。

2. 在无线网络中,除了 WLAN 外,还有_____和_____等无线网络技术。

3. WLAN 是计算机网络与_____相结合的产物。

4. WLAN 的全称是_____。

5. WLAN 的配置方式有两种:_____和_____。

二、选择题(单选题)

1. IEEE 802.11 标准定义了(　　)。

A. WLAN 技术规范　　　　　　B. 电缆调制解调器技术规范

C. 光缆 LAN 技术规范　　　　　D. 宽带网络技术规范

2. IEEE 802.11 标准使用的传输技术为(　　)。

A. 红外、跳频扩频与蓝牙

B. 跳频扩频、直接序列扩频与蓝牙

C. 红外、直接序列扩频与蓝牙

D. 红外、跳频扩频与直接序列扩频

3. IEEE 802.11b 标准定义了使用跳频扩频技术的 WLAN 标准,传输速率可以为 1 Mbit/s2 Mbit/s、5.5 Mbit/s 或(　　)。

A. 10 Mbit/s　　B. 11 Mbit/s　　　C. 20 Mbit/s　　　　D. 54 Mbit/s

4. 红外 LAN 的数据传输有 3 种基本技术:定向光束传输、全反射传输与(　　)。

A. 直接序列扩频传输　　　　　B. 跳频传输

C. 漫反射传输　　　　　　　　D. CDM 传输

5. WLAN 需要实现移动节点的(　　)功能。

A. 物理层和数据链路层　　　　B. 物理层、数据链路层和网络层

C. 物理层和网络层　　　　　　D. 数据链路层和网络层

6. 下列关于 Ad-Hoc 模式的描述中,错误的是(　　)。

A. 没有固定的路由器　　　　　B. 需要基站

C. 具有动态搜索能力　　　　　D. 适用于紧急救援等场合

7. IEEE 802.11 技术和蓝牙技术可以共同使用的无线通信频点是(　　)。

A. 800 Hz　　　B. 2.4 GHz　　　C. 5 GHz　　　　　D. 10 GHz

8. 下列关于 WLAN 的描述中,错误的是(　　)。

A. 采用无线电波作为传输介质　　B. 可以作为传统 LAN 的补充

C. 支持 1 Gbit/s 的传输速率　　　D. 协议标准是 IEEE 802.11 标准

9. WLAN 中使用的 SSID 是(　　)。

A. WLAN 的设备名称　　　　　B. WLAN 的标识符号

C. WLAN 的入网口令　　　　　D. WLAN 的加密符号

三、综合题

多用户多样化终端同时上网不便利,新增有线需要重新布线,施工时间太久影响酒店业绩,部署无线网络提升入住客人满意度。客户无线网络业务需求:

➢ 酒店客房内无线信号全覆盖,无信号死角。

➢ 单用户带宽 2 Mbps。

无线侧网络规划设计:

➢ 覆盖需求分析:客房 100 间,1—2 人/间,单用户带宽 2 Mbps。

➢ 工勘:隔断是石膏板/玻璃为主。

➢ 设备选型:室内分布型 AP,全向吸顶天线。

酒店实景图

➤ 频率规划：1、6、11 信道（2.4 GHz），信道交叉复用。

➤ 链路预算：每 AP 带 6—8 个天线，客房内信号强度＞—75 dBm。

➤ 容量规划：每 AP 可覆盖 10—15 个房间，100/12≈9 台 AP。

参数配置：AP 发射功率：27 dBm@2.4 GHz。

AP 及室分天线平面图如下图所示。

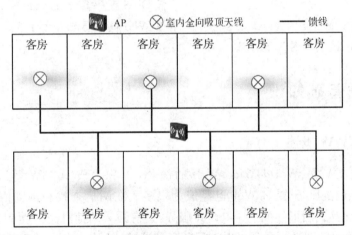

室内分布系统原理图

覆盖方案描述：

➤ 天线安装进客房内，避免洗手间穿透损耗，每个天线覆盖 1—2 房间。

➤ 链路预算确定功分器及耦合器，使各天线口输出功率均匀。

➤ 每 AP 带 6—10 个天线，每个天线口输出功率 5—12 dBm。

校园网服务配置与应用

☞扫码可见本项目微课

某高校组建了校园网,为了使校园网中的计算机简单快捷地访问本地网络及 Internet 上的资源,需要在校园网中架设 DNS、DHCP 和 Web 服务器。

本项目主要介绍 DNS 基础知识,掌握 DNS 域名空间系统,DNS、DHCP 和 Web 服务器 的配置。

 学习要点

- 掌握 WWW 概念
- 掌握 DNS 域名空间系统
- 掌握 DHCP 服务器配置方法
- 掌握 DNS 服务器配置方法
- 掌握 Web 服务器配置方法

5.1 项目基础知识

5.1.1 WWW 概述

万维网 WWW 是 World Wide Web 的简称,也称为 Web、3W 等。WWW 服务是 Internet 上最热门的服务之一,Web 已经成为很多人在网上查找和浏览信息的主要手段。 WWW 是一种交互式图形界面的 Internet 服务,具有强大的信息连接功能。它使得成千上 万的用户通过简单的图形界面就可以访问各个大学、组织、公司等的最新信息和各种服务。

5.1.2 因特网

因特网(Internet)是计算机交互网络的简称。它是利用通信设备和线路将全世界上不 同地理位置的、功能相对独立的、数以千万计的计算机系统互连起来,以功能完善的网络软 件(网络通信协议、网络操作系统等)实现网络资源共享和信息交换的数据通信网。

因特网(Internet)是一组全球信息资源的总汇。有一种粗略的说法认为 Internet 是由 许多小的网络(子网)互联而成的一个逻辑网,每个子网中连接着若干台计算机(主机)。 Internet 以相互交流信息资源为目的,是一个信息资源和资源共享的集合。

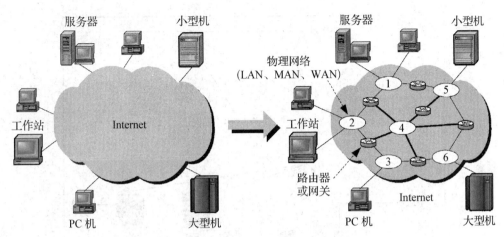

图 5-1 "四通八达"的 Internet

WWW 的工作采用浏览器/服务器体系结构,主要由 Web 服务器和客户端浏览器两部分组成。当访问 Internet 上的某个网站时,我们使用浏览器这个软件向网站的 Web 服务器发出访问请求;Web 服务器接受请求后,找到存放在服务器上的网页文件,将文件通过 Internet 传送给我们的计算机;最后浏览器对文件进行处理,把文字、图片等信息显示在屏幕上。

5.1.3 域名系统

1. DNS

网络中每一台主机都有一个唯一的标识固定的 IP 地址,以区别在网络上成千上万个用户和计算机。由于 IP 地址是数字标识,使用时难以记忆和书写,因此,在 IP 地址的基础上又发展出一种符号化的地址方案,来代替数字型的 IP 地址。这个与网络上的数字型 IP 地址相对应的字符型地址,就被称为域名。域名也是由若干部分组成,包括数字和字母。例如,百度的 Web 服务器的 IP 地址是 180.101.50.242,其对应的域名是 www.baidu.com,不管用户在浏览器中输入的是 180.101.50.242 还是 www.baidu.com,都可以访问其 Web 网站。

2. DNS 域名空间

整个 DNS 的名字系统是一个有层次的逻辑树结构,称为域名空间。域名空间是层次结构的,类似 Windows 的文件名。它可看作是一个树状结构,域名系统不区分树内节点和叶子节点,而统称为节点,不同节点可以使用相同的标记。所有节点的标记只能由 3 类字符组成:26 个英文字母(a~z)、10 个阿拉伯数字(0~9)和英文连词号(-),并且标记的长度不得超过 22 个字符。如图 5-2 所示,最上层为根域(root domain),一般用圆点(·)表示。下一层为顶级域,顶级域用来将组织分类。

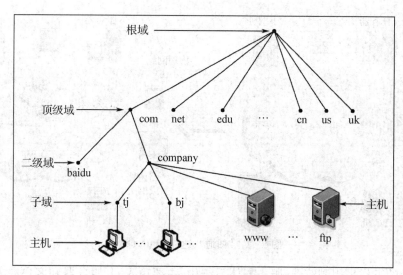

图 5-2　域名空间

域名系统将整个 Internet 划分为多个顶层域,并为每个顶层域规定了通用的域层和域名,代码与类型关系如表 5-1 所示。

表 5-1　顶层域名代码与类型关系

域名	顶层域名类型
com	商业组织
edu	教育机构
gov	政府部门
int	国际组织
mil	军事组织
net	网络支持中心
org	非营利组织

搭建 DNS 服务器的原因大致有三点:

(1) 一般公司都有多台 Server 需要接入互联网并提供服务,此时公司需要向 ISP 申请一个域(domain),而这些 Server 都放在公司所在的这个域下。

(2) 一般来说,用户访问服务器时通常是根据 FQDN(完全限定域名,一般指域名)查询到 IP 地址的,而如果 FQDN 或者 IP 地址经常有可能要变动时,最好能够自己搭建 DNS 服务器管理,这样修改起来方便。

(3) 当 Server 的数量需要经常变动时,如果搭建了 DNS 服务器,而 Server 的 FQDN 与主机名的对应关系数据存放在这台 DNS 服务器上,那么只需要自己手动添加新的对应关系即可。

一个域(Domain)可以包含一个或多个正向解析区域、反向解析区域。正向解析是将域名映射为 IP 地址,例如,DNS 客户机可以查询主机名称为 www.baidu.com 的 IP 地址。反向解析是将 IP 地址映射为域名,要实现反向解析,必须在 DNS 服务器中创建反向解析区域。

正向解析库文件至少应该有以下几种资源记录类型:

（1）SOA 记录

起始授权记录定义了当前区域的区域名称（也可以是当前区域名的主 DNS 服务器 FQDN）、当前区域管理员的邮箱地址、主从服务协调属性的定义以及否定答案的缓存时间 TTL。

（2）NS 记录

NS 记录定义了当前区域内一个或多个 DNS 服务器 FQDN。

（3）A 记录或 AAAA 记录

A 记录定义了当前区域内各台主机的 FQDN 到 IPv4 地址的对应关系,AAAA 记录定义了当前区域内各台主机的 FQDN 到 IPv6 地址的对应。在正向解析库文件中,对于 MX、NS 等各类型记录的数据为 FQDN,此 FQDN 都需要有对应的一个 A 记录或 AAAA 记录。

反向解析的重点是由 FQDN 查询到 IP 地址,所以反向解析库文件中必要的资源记录类型至少应该有 SOA、NS、PTR 等资源记录。PTR 记录,就是指向（Pointer Record）的缩写,后面记录的是根据 IP 地址反解到的 FQDN。

5.2 项目设计

某高校要求搭建 DHCP、DNS、Web 服务器,使数字资源得到充分优化利用,以拓展现实校园的时间和空间维度,提升传统校园的运行效率,从而达到提高管理水平和效率的目的。

学校公共机房约有 750 台计算机,现在公司的网络要进行规划和实施,现有条件如下:已租借了一个公网的 IP 地址 172.16.100.10 和 ISP 提供的一个公网 DNS 服务器的 IP 地址 172.16.100.200。小张同学根据信息中心的需求,部署了网络环境,局域网的网络地址是 172.16.100.0,子网掩码为 255.255.255.0,任务环境如图 5-3 所示。

图 5-3 网络拓扑图

要求搭建一台 DHCP 服务器,使网络中的计算机可以自动获得 IP 地址访问 Internet; 同时在内部网中搭建一台 Web 服务器,并通过 NAT 服务器将 Web 服务发布出去;另外,内部搭建一台 DNS 服务器使 DNS 能够解析此主机名称,并使内部用户能够通过此 DNS 服务器解析 Internet 中的主机名称。

5.3 项目实施

▶▶ 任务 5-1 DHCP 服务配置实例

DHCP(Dynamic Host Configuration Protocol,动态主机分配协议)是一个简化主机 IP 地址分配管理的 TCP/IP 标准协议,可以自动为局域网中的每一台计算机分配 IP 地址,并完成每台计算机的 TCP/IP 配置。DHCP 服务器能够从预先设置的 IP 地址池中动态地给主机分配 IP 地址,不仅能够保证 IP 地址不重复分配,解决 IP 地址冲突问题,也能及时回收 IP 地址,以提高 IP 地址的利用率。

图 5-4 "添加角色和功能"对话框

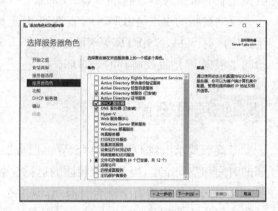

图 5-5 安装 DHCP

一、安装 DHCP 服务器

第一步 打开"服务器管理器"→"配置此本地服务器"。单击"添加角色和功能"按钮,进入"添加角色和功能向导"。选择"基于角色或基于功能的安装",单击"下一步"按钮,选择"从服务器池中选择服务器",如图 5-4 所示。

第二步 安装程序自动检测到该服务器的网络连接,单击"下一步"按钮,进入"服务器角色"设置界面。勾选"DHCP 服务器(IIS)"复选框。

第三步 单击"添加功能"按钮,再单击"下一步"按钮,最后单击"安装"按钮,完成 DHCP 服务器的安装,如图 5-5 所示。

第四步 完成安装后,单击"关闭"按钮,关闭安装导向。选择"开始"→"管理工具"→"DHCP"命令,打开 DHCP 控制台,如图 5-5 所示,可以在此配置 DHCP 和管理 DHCP 服务器,如图 5-6 所示。

图 5 - 6　DHCP 控制台

二、授权 DHCP 服务器

安装完成后，如果是在 Windows 域环境中，需要对 DHCP 服务器进行授权，授权是一种安全预防措施，它可以确保只有经过授权的 DHCP 服务器才能在网络中分配 IP 地址。单击服务器管理器的"通知"按钮，在展开的菜单中选择"完成 DHCP 配置"，如图 5 - 7 所示。

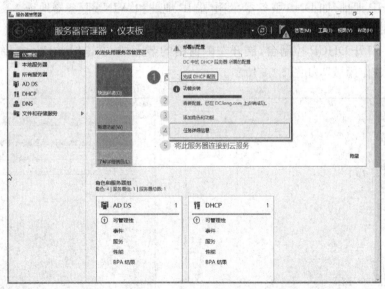

图 5 - 7　完成 DHCP 配置

在"DHCP 安装后配置向导"的"描述"窗口中，单击"下一步"按钮。在"授权"窗口，选择"使用以下用户凭据"单选按钮，并单击"提交"按钮，如图 5 - 8 所示。需要注意的是，为 DHCP 服务器授权需要有管理员权限。

图 5‐8　授权 DHCP

授权完成后,在"摘要"窗口显示完成信息,单击"关闭"按钮,授权后,打开 DHCP 控制台,按 F5 刷新页面,发现 IPv4 选项变成绿色。

三、管理作用域

DHCP 作用域实际上就是一段 IP 地址范围,作用域具有下列属性。

① IP 地址的范围,可在其中包含或排除用于提供 DHCP 服务租用的地址。

② 子网掩码,用来确定给定 IP 地址的子网。

③ 作用域名称,在创建作用域时指定该名称。

④ 租用期限值,这些值"限制"了自动获取的 IP 地址使用的有效期限。

⑤ 保留 IP 地址,如 DNS 服务器、路由器 IP 地址和 WINS 服务器地址。

创建作用域的具体步骤如下:

第一步　打开 DHCP 控制台,展开左侧窗格的节点树,右击"IPv4"。在弹出的快捷菜单中选择"新建作用域",如图 5‐9 所示。

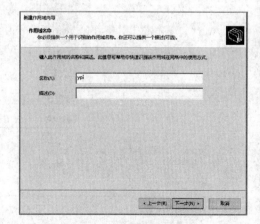

图 5‐9　新建作用域　　　　　　　　　　图 5‐10　新建作用域名称

第二步　在向导页中单击"下一步"按钮,在"作用域名称"对话框中,输入名称,本例输入"ypi",单击"下一步"按钮,如图 5‐10 所示。

第三步 在"IP 地址范围"对话框中输入起始 IP 地址、结束 IP 地址、长度以及子网掩码,单击"下一步"按钮,如图 5-11 所示。

图 5-11 设置 IP 地址范围	图 5-12 设置排除地址

第四步 在"添加排除和延迟"对话框中输入服务器不分配的 IP 地址范围,如图 5-12 所示。

第五步 在"租用期限"对话框中输入 DHCP 分配的 IP 地址的租用期,默认为 8 天,单击"下一步"按钮。

第六步 在"配置 DHCP 选项"对话框中,选择"否,我想稍后配置这些选项"单选按钮,单击"下一步"按钮,如图 5-13 所示,在"正在完成新建作用域向导"对话框中,单击"完成"按钮,完成作用域的创建。

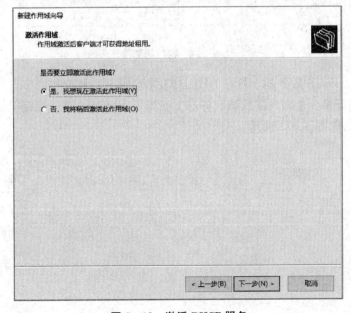

图 5-13 激活 DHCP 服务

第七步　新建的作用域此时在 DHCP 控制台中显示为不可用，需要激活作用域，才能提供 IP 地址分配功能。右击作用域，在弹出的快捷菜单中选择"激活"，即可激活作用域。

四、配置 DHCP 客户机并测试

第一步　在客户机上打开"Internet 协议版本 4(TC/IPv4)属性"对话框。

第二步　选中"自动获取 IP 地址"和"自动获得 DNS 服务器地址"按钮。

第三步　在 DHCP 客户机上打开命令行提示窗口，输入"ipconfig /release"命令释放当前 IP 地址配置；输入"ipconfig /renew"命令重新获取 IP 地址；输入"ipconfig /all"命令查看本机获得的 IP 地址、子网掩码、默认网关等信息，可以看到当前客户机的 TCP/IP 网络参数都是从 DHCP 服务器上获取的，如图 5-14 所示。

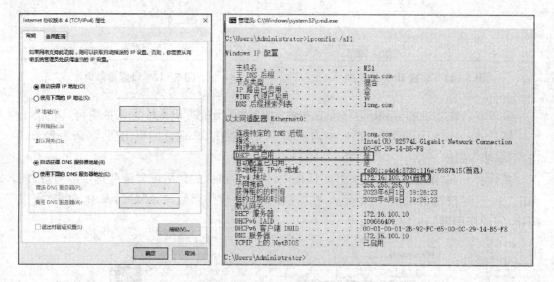

图 5-14　客户端测试

第四步　在 DHCP 服务器上打开 DHCP 控制台，展开左侧窗格的节点树，选择"地址租用"，可以查看到有多少个客户端从该服务器上获得了 IP 地址、客户端获得的 IP 地址、租用截止日期等信息，如图 5-15 所示。

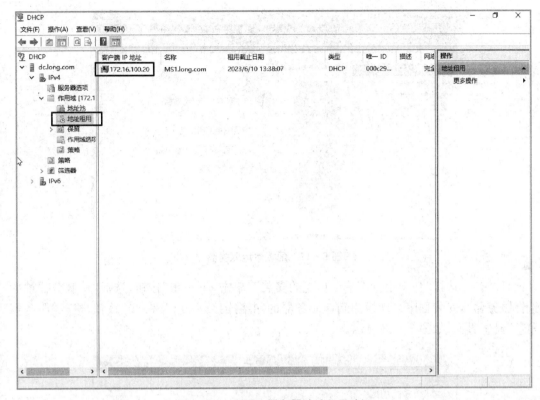

图 5-15　DHCP 服务器地址租用验证

任务 5-2　DNS 服务配置实例

学校新组建了一个内部局域网,需要一台 DNS 服务器为内部用户提供域名解析服务。
部署 DNS 服务的拓扑图如图 5-16 所示。

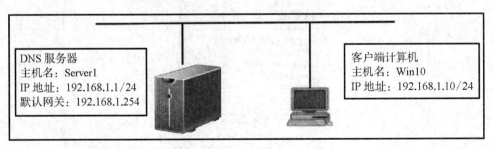

图 5-16　DNS 服务的拓扑图

一、安装 DNS 服务器

第一步　打开"服务器管理器"→"配置此本地服务器"。单击"添加角色和功能"按钮,
进入"添加角色和功能向导",如图 5-17 所示。

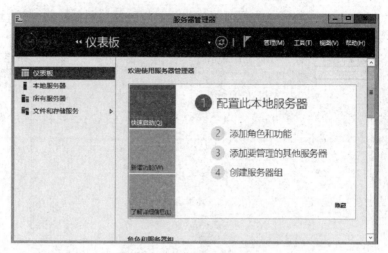

图 5 - 17　配置本地服务器

第二步　选择"基于角色或基于功能的安装",单击"下一步"按钮,选择"从服务器池中选择服务器",安装程序自动检测到该服务器的网络连接,单击"下一步"按钮,进入"服务器角色"设置界面,如图 5 - 18 所示。

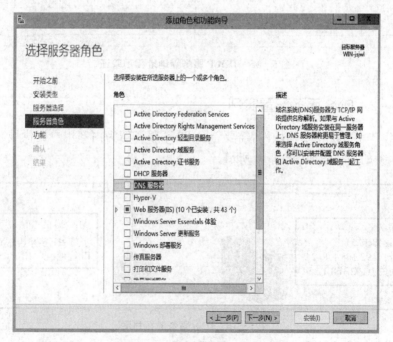

图 5 - 18　服务器角色设置界面

第三步　在"选择服务器角色"窗口中选择"DNS 服务器"复选框,在弹出的"添加 DNS 服务器所需的功能"对话框中保持默认,单击"添加功能"按钮,然后在"选择功能"窗口保持默认单击"下一步"按钮,如图 5 - 19 所示。

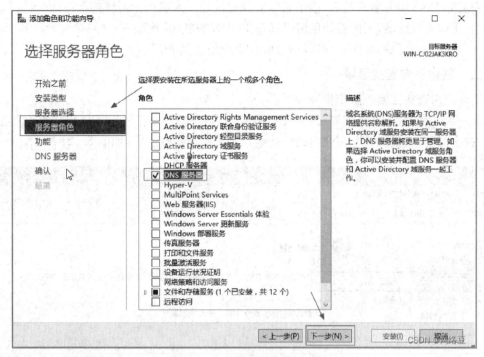

图 5 - 19　选择 DNS 服务器

第四步　在"DNS 服务器"窗口中直接单击"下一步"按钮。单击"安装"按钮,完成 DNS 服务器的安装。安装完成后,单击"关闭"按钮,结束安装,如图 5 - 20 所示。

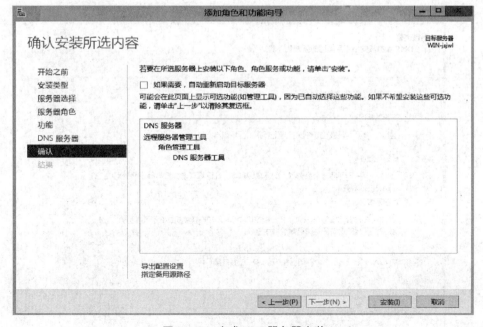

图 5 - 20　完成 DNS 服务器安装

安装完 DNS 服务器角色后,接下来需要新建区域。区域包括两种类型:

① 正向查找区域,正向查找区域是通过 FQDN 查找 IP 地址。

② 反向查找区域,反向查找区域是通过 IP 地址查找 FQDN。

二、创建正向查找区域

创建正向查找区域的操作步骤如下:

第一步 在"服务器管理器"窗口中,单击"工具"→"DNS 管理器",打开"DNS 管理器"窗口,右击"正向查找区域",在弹出的快捷菜单中选择"新建区域",如图 5‑21 所示。

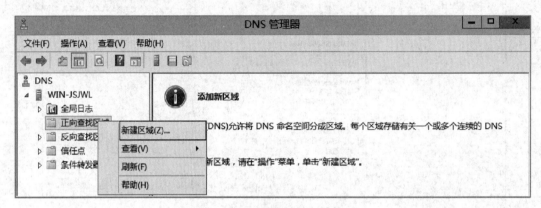

图 5‑21 新建区域

第二步 在出现的"新建区域向导"对话框的"区域类型"中选择"主要区域",单击"下一步"按钮,如图 5‑22 所示。

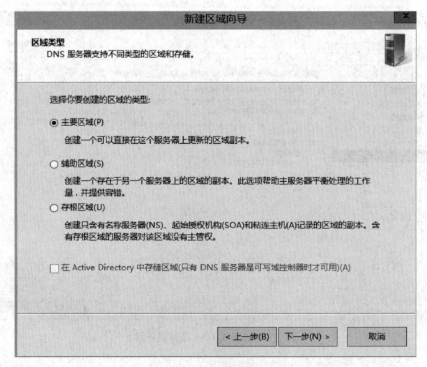

图 5‑22 主要区域

　　第三步　在"正向或反向查找区域"对话框中,选择"正向查找区域"单选按钮,单击"下一步"按钮。在"区域名称"中输入公司的域名"ypi.cn",单击"下一步"按钮,如图 5 - 23 所示。

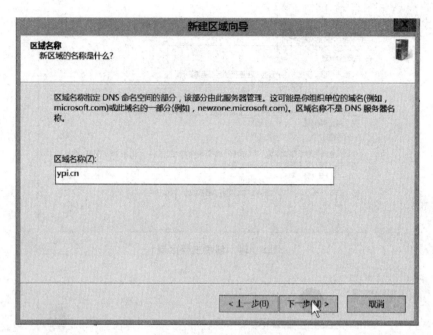

图 5 - 23　输入区域名称

　　第四步　单击"下一步"按钮,保留默认设置,直至完成区域创建向导。

　　第五步　在"动态更新"对话框中,选择"不允许动态更新"单选按钮,单击"下一步"按钮。

　　第六步　在"正在完成新建区域向导"对话框中,单击"完成"按钮,完成新建区域。

三、创建反向查找区域

　　第一步　在 DNS 管理器控制台中,右击服务器名称,在弹出的快捷菜单中选择"新建区域",在"欢迎使用新建区域向导"对话框中,单击"下一步"按钮。在"区域类型"对话框中,选择"主要区域"单选按钮,并单击"下一步"按钮,如图 5 - 24 所示。

　　第二步　在"正向或反向查询区域"对话框中,选择"反向查找区域"单选按钮,单击"下一步"按钮,如图 5 - 25 所示。

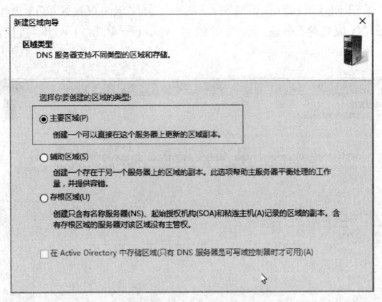

图 5 - 24　创建主要区域

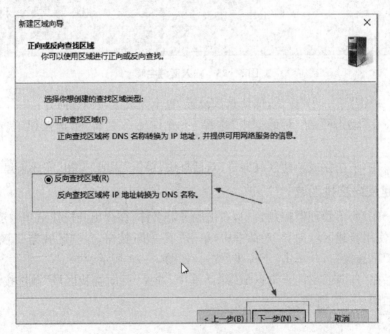

图 5 - 25　正向或反向查询区域

第三步　在"反向查找区域名称"对话框中,选择"IPv4 反向查找区域"单选按钮,单击"下一步"按钮。

第四步　在"反向查找区域名称"对话框中,输入网络 ID,也就是要查找的网段地址,单击"下一步"按钮,如图 5 - 26 所示。

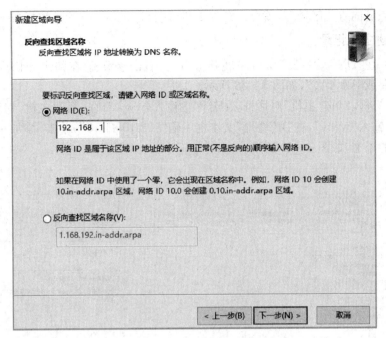

图 5 - 26　反向查找区域名称

第五步　在"区域文件"对话框中,选择"创建新文件,文件名为"单选按钮,并使用默认文件名,单击"下一步"按钮,如图 5 - 27 所示。

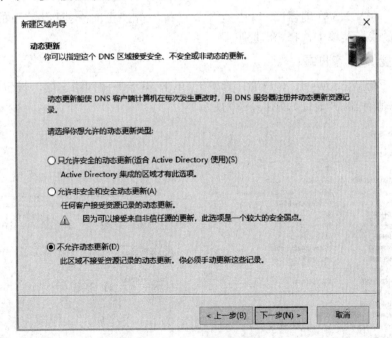

图 5 - 27　不允许动态更新

第六步　在"动态更新"窗口中,选择"不允许动态更新"单选按钮,单击"下一步"按钮。

第七步　在"正在完成新建区域向导"对话框中,单击"完成"按钮,完成反向查找区域的创建。创建完反向查找区域后，就可以添加 PTR 指针记录，将 IP 地址解析成 FQDN。

四、创建主机记录

第一步　在"DNS 管理器"窗口中展开节点树，右击 ypi.cn，在弹出的快捷菜单中选择"新建主机(A 或 AAAA)"，如图 5-28 所示。

第二步　进入"新建主机"对话框，在名称中输入"www"，在"新建主机"对话框中的"名称"文本框中输入"www"，在"IP 地址"文本框中输"192.168.1.12"，单击"添加主机"按钮，完成主机记录的添加，如图 5-29 所示。

图 5-28　右击新建主机

图 5-29　输入父域名称

第三步　在"DNS 管理器"窗口中展开节点树，右击"正向查找区域"下的"www.ypi.cn"，在弹出的快捷菜单中选择"新建别名"。

五、配置 DNS 客户端

第一步　在 Windows 10 客户端计算机上，单击"开始"→"网络连接"，设置客户端的 IP 地址和 DNS 服务器 IP 地址，如图 5-30 所示。

图 5-30　设置客户端 DNS 服务器 IP 地址

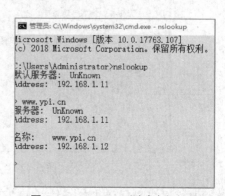

图 5-31　nslookup 测试主机记录

第二步　单击"开始"→"命令提示符",输入命令"ping www.ypi.cn"。

第三步　nslookup 命令是用来手动查询 DNS 的常用工具,可以判断 DNS 服务器的主机记录是否正常。通常,nslookup 命令有两种模式,即交互模式和非交互模式。用法如下:

nslookup［-option..］［host to find］［server］

① 交互模式

输入"nslookup"并按"Enter"键,不需要使用参数即可进入交互模式。在交互模式下,可以直接输入 FQDN 进行查询。如图 5 - 31 所示。

任何一种模式都可以将参数传递给 nslookup,但当域名服务器出现故障时,更多地使用了交互模式。在交互模式下,可以在提示符">"下输入"help"或"?"来获得帮助信息。

② 非交互模式

非交互模式要在命令提示行窗口中输入完整的命令,例如:

C:\\> nslookup www.ypi.cn

任务5 - 3　Web 服务配置实例

Web 服务器是在网络中为实现信息发布、资料查询、数据处理等诸多应用搭建基本平台的服务器。Web 服务器的应用范围十分广泛,从个人主页到各种规模的企业和政府网站,管理员需要根据它所运行的应用、面向的对象、用户的点击率以及性价比、安全性、易用性等许多因素来综合考虑其配置。

一、安装 IIS

第一步　进入"服务器管理器窗口",单击"添加角色和功能",打开"开始之前"对话框,连续单击"下一步"按钮,直至出现"选择服务器角色"窗口,在"角色"列表框中勾选"Web 服务器(IIS)"复选框,在弹出的"添加 Web 服务器(IIS)所需的功能?"对话框中单击"添加功能"按钮,单击"下一步",如图 5 - 32 所示。

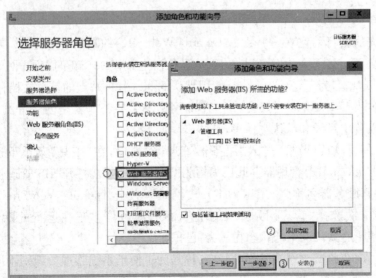

图 5 - 32　选择 Web 服务器

第二步 继续单击"下一步"按钮,直至出现"选择角色服务"对话框,在"角色服务"列表框中勾选所需的角色服务项(本例中选择了"Windows 身份验证"和"基本身份验证"两个选项),单击"下一步"按钮,如图 5-33 所示。

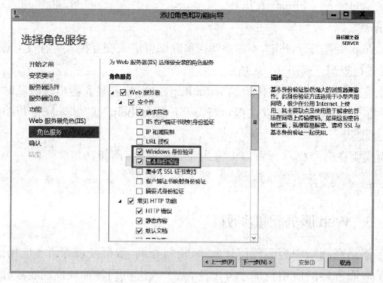

图 5-33 选择角色服务

第三步 在打开的"确认安装所选内容"对话框中单击"安装"按钮,系统开始安装 IIS,安装完成后单击"关闭"按钮即可。

第四步 安装完 IIS 后,还应该对 Web 服务器进行测试,检查 IIS 是否正确安装并运行。启动 Internet Explorer 浏览器,在地址栏中输入"http://localhost"或者"http://127.0.0.1",若安装成功,则会显示默认站点的首页。如果没有显示出该网页,则检查 IIS 是否出现问题或者重新启动 IIS 服务。

二、创建 Web 网站

IIS 安装完后会自动建立一个名为"Default Web Site"的默认 Web 网站,默认首页即为 IIS 安装成功页面。接下来我们可以在 Web 服务器上架设一个新的 Web 网站,其 IP 地址为 192.168.38.1,域名为 www.cap.com,使用默认的 80 端口,站点的首页文档存放在C:\web 目录下,首页名为 index.html。架设一个 Web 网站的主要工作就是创建首页文档、配置 IP 地址和端口、设置主目录和默认文档等,具体步骤如下:

第一步 停止默认网站。进入"服务器管理器"窗口,在"工具"菜单下选择"Internet Information Services(IIS)管理器"(此后简写为"IIS 管理器"),打开"IIS 管理器"窗口,在左窗格中依次展开服务器名称(如 SERVER)→"网站",右击"Default Web Site"节点,在弹出的快捷菜单中依次选择"管理网站"→"停止"命令,即可停止正在运行的默认网站,如图 5-34所示。停止后默认网站的状态显示为"已停止"。

另外,还可以在此修改网站名称,网站名称是为了便于系统管理员识别不同的网站而给网站起的一个名字。右击"Default Web Site"节点,在弹出的快捷菜单中选择"重命名",可以将网站默认名称"Default Web Site"修改为任意名字。

图 5-34 停止默认网站

第二步 创建测试网站首页文件。Web 网站的内容是由保存到主目录中的网页文件构成的,可以使用 Dreamweaver、PageMill 等专业工具制作,这里介绍使用"记事本"制作网页的方法。其过程如下:返回 Web 服务器桌面,按"Win+R"组合键,在打开的"运行"对话框中输入"notepad"命令,单击"确定"按钮,打开"无标题记事本"编辑器,输入网页内容,在"文件"菜单下选择"保存"菜单项,打开"另存为"对话框,选择保存的位置(与设置的主目录相同,即 C:\web 主目录),输入保存的文件名为 index.html,单击"保存"按钮,如图 5-35所示。

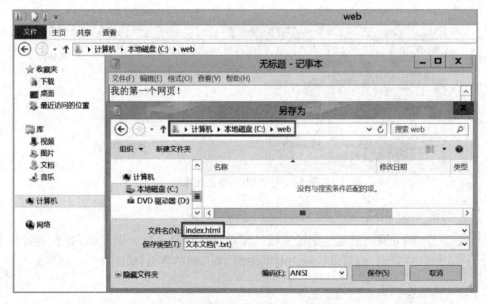

图 5-35 使用记事本创建网站首页

第三步 创建 Web 网站。右击"网站"节点,在弹出的快捷菜单中选择"添加网站",如图 5-36 所示。

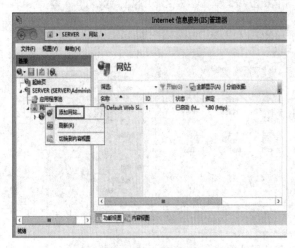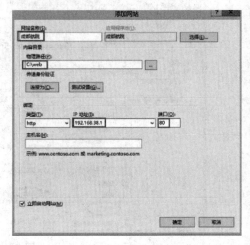

图 5-36 添加网站　　　　　　　　图 5-37 设置 Web 网站参数

第四步 设置 Web 网站参数。打开"添加网站"对话框,在该对话框中可以指定网站名称、应用程序池、网站内容目录、传递身份验证、网站类型、IP 地址、端口号、主机名以及是否启动网站。在此设置"网站名称"为"成都航院","物理路径"为 C:\web,"类型"为 http,"IP地址"为 192.168.38.1,"端口"为 80,如图 5-37 所示。设置完成后,单击"确定"按钮,完成Web 网站的创建。

第五步 返回"Internet 信息服务(IIS)管理器"控制台,可以看到刚才所创建的网站已经启动成功,如图 5-38 所示。

图 5-38 Web 网站创建成功

三、测试 Web 网站

至此,一个 Web 网站已创建配置完成。用户在客户机上打开浏览器,并在地址栏上输入 http://192.168.38.1,就可以访问之前创建的 Web 网站首页,如图 5-39 所示。

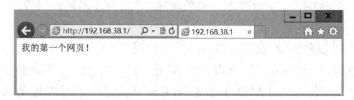

图 5 - 39　客户机测试 Web 网站

▶ 任务 5 - 4　FTP 服务配置实例

学院架设了自己的 FTP 服务器和存放企业文档资料的文件服务器。Web 服务器需要经常更新页面和随时增加新的消息条目;而文件服务器是各个二级部门文档资料的集中存放地,企业员工需要经常从文件服务器下载资料到本地计算机,也需要从各自的计算机上传数据到文件服务器。虽然共享文件夹可以实现资源的互通有无,但它仅限于局域网内的计算机,并不适合互联网。上述更新、下载和上传文档资料的功能要求,可通过搭建 FTP 服务器来实现,不仅如此,FTP 服务器还可通过访问权限的设置确保数据来源的正确性和数据存取的安全性。

一、预备知识

FTP 是用来在局域网或互联网中的计算机之间,实现跨平台高效地传输文件,并支持断点续传功能的标准协议。FTP 服务采用的是客户机/服务器工作模式,FTP 客户机是指用户的本地计算机,FTP 服务器是指为用户提供上传与下载服务的计算机。上传是指将文件从 FTP 客户机传输到 FTP 服务器的过程;下载是将文件从 FTP 服务器传输到 FTP 客户机的过程,如图 5 - 40 所示。

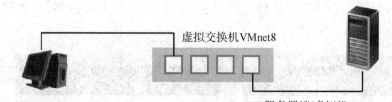

虚拟交换机VMnet8

客户端(物理机Windows 10)　　　　　　　　　FTP服务器端(虚拟机Windows Server 2012)

图 5 - 40　配置 FTP 服务器

将 Windows Server 2012 作为 FTP 服务器,Windows 10 作为客户端实现项目。

二、安装 FTP 服务器

FTP 服务是 IIS 8.0 集成的组件之一,利用 IIS 8.0 可以轻松搭建 FTP 服务器。若系统已安装了 IIS 8.0,则可以通过"添加角色"服务安装 FTP 组件;若系统还未安装 IIS 8.0,则可以通过"添加角色"安装 FTP 服务,下面以后者为例介绍安装的步骤。

第一步　在前面架设 DNS 服务器时,已经建立 ftp.cap.com 对应 IP 地址 192.168.38.1 的正向和反向解析资源记录,这里不再赘述。接下来只需在打开"Internet 协议版本 4 (TCP/IPv4)属性"对话框后,在相应的文本框中输入 IP 地址"192.168.38.1"、子网掩码

"255.255.255.0"、默认网关"192.168.38.254"、首选 DNS 服务器地址"192.168.38.1",并单击"确定"按钮逐层关闭对话框即可。

第二步 进入"服务器管理器"窗口,在打开的"服务器管理器"窗口中单击"添加角色和功能",打开"添加角色和功能向导"窗口,连续单击"下一步"按钮,直至出现"选择服务器角色"窗口,在"角色"列表框中勾选"Web 服务器(IIS)"复选框,弹出"添加 Web 服务器(IIS)所需的功能?"对话框,单击"添加功能"按钮,单击"下一步"按钮,如图 5-41 所示。

图 5-41 选择 Web 服务器

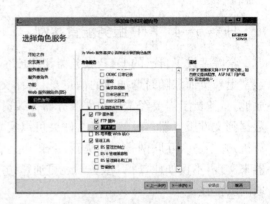

图 5-42 选择角色服务

第三步 连续单击"下一步"按钮,直至出现"选择角色服务"窗口,在"角色服务"列表框中勾选"FTP 服务器""FTP 服务"和"FTP 扩展"复选框,单击"下一步"按钮,如图 5-42 所示。

第四步 在打开的"确认安装所选内容"对话框中单击"安装"按钮,系统开始安装,安装完成后单击"关闭"按钮。安装完成 FTP 服务器后,打开"服务器管理器"窗口,在左窗格中选择"IIS"选项,在右窗格的详细信息列表中拖动右侧的滚动条至"角色和功能"列表区域,其中列出了所有已安装的 IIS 角色和功能信息,即可看到"FTP 服务器"角色服务,如图 5-43所示。

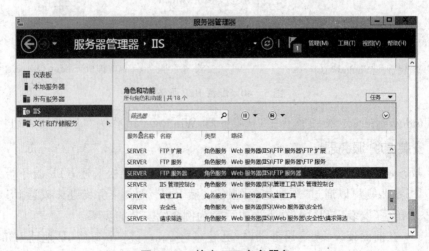

图 5-43 检查 FTP 角色服务

注意：在 Windows Server 2012 系统中，FTP 站点和 Web 站点都是由"Internet Information Services(IIS)管理器"控制台（以下简称 IIS 8 控制台）进行统一配置和管理的网站，这与之前 Windows Server 2008/2003 使用的 IIS 7/6 类似。所不同的是，IIS 7/6 在安装 FTP 服务器之后就已经内建了一个默认 FTP 站点 Default FTP Site，并且"FTP 站点"在控制台左窗格中作为独立的文件夹与"网站"并列呈现；而 IIS 8 安装后没有内建此默认 FTP 站点，要架设成都航院 FTP 站点只能通过手动添加来完成，而且创建的 FTP 站点与 Web 站点在 IIS 8 控制台中同属于"网站"文件夹下的站点。

三、架设 FTP 站点

由于本任务的 FTP 站点的根目录设置为 C:\ftp，所以在添加 FTP 站点之前先自行创建好 C:\ftp 目录，并在该目录下创建好若干文件夹和文件。架设 FTP 站点的具体步骤如下。

第一步 打开"IIS 管理器"窗口，在左窗格中展开服务器名称（如 SERVER），右击"网站"节点，在弹出的快捷菜单中选择"添加 FIP 站点"命令，或者在右窗格"操作"列表中选择"添加 FTP 站点"链接，如图 5-44 所示。

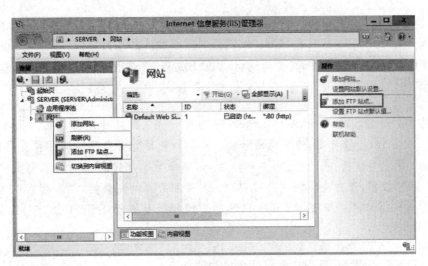

图 5-44 IIS 控制台添加 FTP 站点

第二步 进入"添加 FTP 站点"向导，根据提示架设 FTP 站点。首先打开"站点信息"对话框，在"FTP 站点名称"编辑框中输入 FTP 站点的名称（本例为"成都航院 FTP 站点"），在"内容目录"的"物理路径"编辑框中输入或单击"…"按钮逐级选择存在资源的物理路径（本例为"C:\ftp"），单击"下一步"按钮，如图 5-45 所示。

注意:FTP 站点名称只是 IIS 控制台用于唯一标识"网站"文件夹下的站点,与客户机访问站点时显示的内容无关,站点一旦创建就不可更改。内容目录的物理路径是指新建 FTP 站点的根目录所在位置,必须输入此前已创建的一个目录路径,否则会提示"路径不存在或不是一个目录"的错误信息。

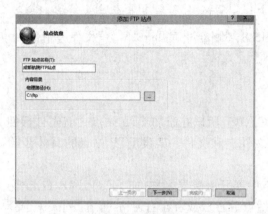

图 5 - 45　站点信息

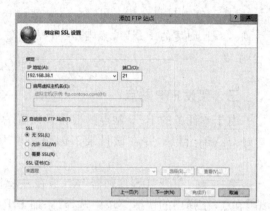

图 5 - 46　绑定和 SSL 设置

第三步　打开"绑定和 SSL 设置"对话框,在"IP 地址"下拉列表中选择本站点绑定的 IP 地址(本例为"192.168.38.1"),在"端口"编辑框中保留默认的端口号或输入一个新的端口号(本例为使用默认端口 21),并勾选"自动启动 FTP 站点"复选框,选择"无 SSL"单选按钮,单击"下一步"按钮,如图 5 - 46 所示。

注意:SSL(Secure Sockets Layer,安全套接层)及其升级版 TLS(Transport Layer Security,传输层安全)是为网络通信提供加密和数据完整性的一种安全协议,主要提供的服务包括:① 认证用户和服务器,确保数据发送到正确的客户机和服务器;② 加密数据,以防止数据中途被窃取;③ 维护数据的完整性,确保数据在传输过程中不被"中间人"恶意篡改。HTTPS 和 FTPS 就是基于 SSL/TLS 的 HTTP 和 FTP。

"绑定和 SSL 设置"对话框中各设置项的说明如下:

➤ "IP 地址":单击右侧的下拉按钮,弹出的列表中会包含这台服务器的所有 IP 地址选项以及一个"全部未分配"选项。如果选中了"全部未分配"选项,且这台服务器配置有多个 IP 地址,则在客户机访问 FTP 服务器时,无论通过哪一个 IP 地址都可以访问。

➤ "端口":指定 FTP 站点用于侦听建立控制连接请求的端口,默认值为 21。该项必须设置,不能为空。若更改此端口(如改为 2121),则用户在连接此站点时,必须输入站点所使用的端口号,如"ftp://192.168.38.1:2121"。

➤ "启用虚拟主机名":为 FTP 站点设置一个域名,这样在连接 FTP 站点时,就可以通过域名访问。设置不同的域名,可以实现在单个 IP 地址的服务器上托管多个 FTP 站点。

➤"自动启动 FTP 站点":指定是否在启动 FTP 服务时自动启动 FTP 站点。若要手动启动 FTP 站点,则取消勾选"自动启动 FTP 站点"。

➤"SSL":设置在服务器和客户机之间的通信是否进行 SSL 加密。其中,"无 SSL"表示不使用 SSL 加密;"允许 SSL"表示允许 FTP 服务器支持与客户机的非 SSL 和 SSL 连接;"需要 SSL"指定是否要求使用 SSL 加密,这是默认设置。

➤"SSL 证书":在此可选择实施加密的证书,并验证有关所选证书的信息。如果没有安装 SSL 证书,则其下拉列表中为空。

第四步　打开"身份验证和授权信息"对话框,在"身份验证"选项区域勾选身份验证方法(本例勾选"匿名"和"基本"复选框),在"允许访问"下拉列表中选择可访问的用户类型或范围(本例选择"所有用户"),在"权限"选项区域中勾选访问权限(本例只勾选"读取"复选框),单击"完成"按钮,即可完成 FTP 站点的创建,如图 5 - 47 所示。

"身份验证和授权信息"对话框中各设置项的说明如下:

➤"匿名":指定是否启用匿名身份验证。若勾选此项,则 FTP 站点接受任何用户对该站点的访问。在使用浏览器或第三方图形化工具访问时,无须输入用户名和密码便可登录 FTP 站点;在使用命令行工具访问时,登录 FTP 站点的匿名用户名为"anonymous"或"ftp",密码是任意的字符串。

➤"基本":是否启用基本身份验证,若启用则需要提供有效用户名和密码才能访问。

➤"允许访问":指定经授权可以登录到 FTP 站点的用户。可选项包括:①所有用户(匿名用户和已标识的用户均可访问);②匿名用户(仅匿名用户可访问);③指定角色或用户组(仅特定角色或用户组的成员才能访问);④指定用户(只有指定的用户才能访问)。

➤"读取":允许用户读取目录中的内容,即用户可以从主目录中下载文件。

➤"写入":允许用户写入目录,即用户可在主目录内添加、修改、上传文件。一般创建 FTP 站点时不选择"写入"复选框,否则包括匿名用户在内的所有用户都将允许上传文件到站点根目录下,还可以直接在站点根目录下创建或删除文件和子目录,这会为服务器及其存放的信息带来安全隐患甚至威胁。

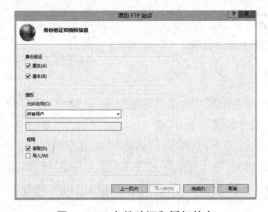

图 5 - 47　身份验证和授权信息

图 5 - 48　FTP 站点创建成功

第五步　回到"IIS 管理器"窗口,就可以看到新建的"成都航院 FTP 站点"且处于运行状态。选择该站点就会在中间窗格显示"成都航院 FTP 站点主页"功能视图,而右窗格的"操作"列表是针对该站点进行各种操作的链接,如图 5-48 所示。

四、管理 FTP 站点

1. 文件存储位置——设置主目录

用户登录到 FTP 站点后,首先进入的目录就是该 FTP 站点的主目录(或根目录),它是存储、上传和下载文件的位置。设置 FTP 站点主目录的步骤如下:

进入"IIS 管理器"窗口,在左窗格中单击要设置主目录的 FTP 站点的名称(如"成都航院 FTP 站点"),在右窗格中单击"基本设置",打开"编辑网站"对话框,在"物理路径"编辑框中是输入主目录的位置。主目录的物理路径可以是本地计算机中的文件夹,也可以是网络中其他计算机中共享文件夹的 UNC 路径,当为共享文件夹时,必须提供有权访问该共享文件夹的用户名和密码。因此,需要单击"连接为"按钮,打开"连接为"对话框,单击"特定用户"单选按钮,单击"设置"按钮,打开"设置凭据"对话框,输入有权访问共享文件夹的用户名(如 administrator)和密码,连续两次单击"确定"按钮,返回"编辑网站"对话框,单击"测试设置"按钮,检测是否可以正常连接该共享文件夹,如图 5-49 所示。

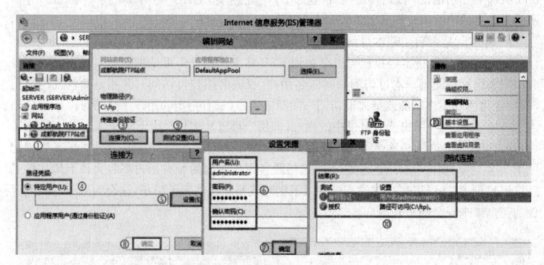

图 5-49　设置 FTP 站点主目录

2. 设置 FTP 站点绑定的 IP 地址、端口和主机名

一台计算机内可以创建多个 FTP 站点,区分不同的 FTP 站点的信息有 IP 地址、端口号和主机名(域名),绑定 FTP 站点的这三个设置值的步骤如下:

进入"IIS 管理器"窗口,在左窗格中单击要设置的 FTP 站点的名称(如"成都航院 FTP 站点"),在右窗格中单击"绑定"链接,打开"网站绑定"对话框,单击 FTP 站点所在行,单击"编辑"按钮,在打开的"编辑网站绑定"对话框中,选择或输入 IP 地址、端口和主机名的设置值,如图 5-50 所示。

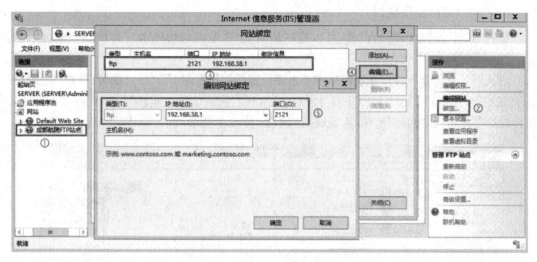

图 5‐50　FTP 站点绑定的设置

3. 设置 FTP 消息

通过"FTP 消息"的设置，可显示用户在连接 FTP 站点时的横幅、欢迎使用和退出等消息。另外，若 FTP 站点有连接数限制，并且目前连接数已经达到限制值，则新的访问者会收到"最大连接数"处填写的信息，此时，新的用户连接会被断开。其设置步骤如下：

进入"IIS 管理器"窗口，在左窗格中单击要设置消息的 FTP 站点的名称（如"成都航院FTP 站点"），在中间窗格中双击"FTP 消息"图标，中间窗格切换为"FTP 消息"界面，在各种编辑框（如"横幅""欢迎使用""退出"等）中输入相应消息文字，在右窗格中单击"应用"链接以保存当前设置值，如图 5‐51 所示。

提示："消息"信息只在命令行访问工具中显示，在各种图形化访问工具中被屏蔽了。

图 5‐51　设置 FTP 消息

4. 设置 FTP 授权规则

通过"FTP 授权规则"的设置,可以控制访问 FTP 站点的访问者及其访问权限,其设置步骤如下:

进入"IIS 管理器"窗口,在左窗格中单击要设置授权规则的 FTP 站点的名称(如"成都航院 FTP 站点"),在中间窗格中双击"FTP 授权规则",在右窗格中通过单击"添加允许规则""添加拒绝规则""编辑"和"删除"链接,实现规则的添加、修改和删除,如图 5-52 所示。

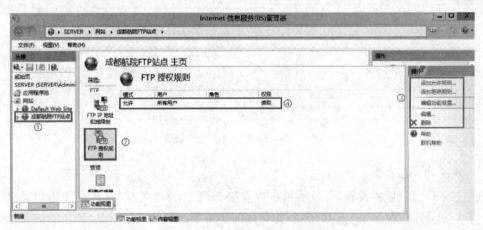

图 5-52　设置 FTP 授权规则

5. 设置 FTP 身份验证

通过"FTP 身份验证"的设置,可以设置访问用户的身份是属于匿名用户还是基本用户,其设置步骤如下:

进入"IIS 管理器"窗口,在左窗格中单击要设置身份验证的 FTP 站点的名称(如"成都航院 FTP 站点"),在中间窗格中双击"FTP 身份验证",中间窗格切换成身份验证界面,选择"基本身份验证"或者"匿名身份验证",在右窗格中通过单击"禁用"和"编辑"链接,实现用户的身份验证设置,如图 5-53 所示。

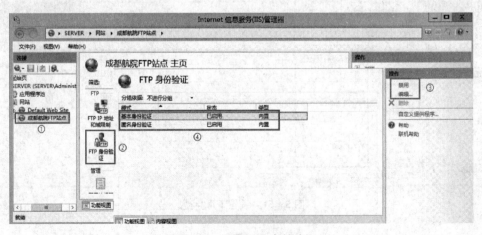

图 5-53　设置 FTP 身份验证

6. 通过 IP 地址或域来限制访问

通过"FTP IP 地址和域限制"的设置,可以允许或拒绝某台特定的计算机、某一组计算机来连接 FTP 站点。其设置步骤为:

进入"IIS 管理器"窗口,在左窗格中单击要设置限制访问的 FTP 站点的名称(如"成都航院 FTP 站点"),在中间窗格中双击"FTP IP 地址和域限制",在右窗格中单击"添加允许条目""添加拒绝条目",在打开的对话框中可以指定特定的 IP 地址或 IP 地址范围来允许或拒绝对 FTP 站点的访问,如图 5-54 所示。

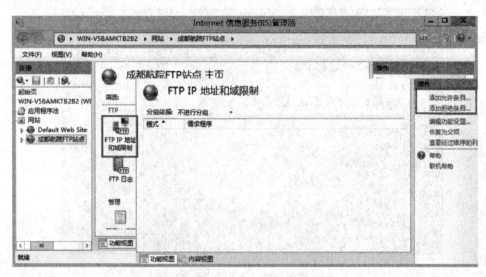

图 5-54　设置 IP 地址和域限制

五、测试 FTP 站点

客户机访问 FTP 站点主要有以下 3 种方式:

➢ 在字符命令界面中使用命令访问。

➢ 在图形界面下通过浏览器或资源管理器访问。

➢ 采用第三方 FTP 客户机软件(如 FlashFXP、CuteFTP、LeapFTP 等)访问。

下面仅介绍在客户机上采用前两种方式登录并访问 FTP 站点的具体操作过程。

1. 使用命令访问 FTP 站点

第一步　在客户机上同时按下"Win+R"组合键,打开"运行"对话框,输入"cmd"命令,单击"确定"按钮,进入命令行操作界面。

第二步　在命令提示符下按格式"ftp IP 地址/域名地址"(适合默认的 21 端口号的登录访问)输入命令,如"ftp 192.168.38.1"或"ftp ftp.cap.com",并按 Enter 键连接 FTP 服务器。如果连接失败,则会出现"ftp:connect:连接超时"的错误信息;如果连接成功,则会出现提示信息"用户(ftp.cap.com:(none)):"。

第三步　要求输入登录的 FTP 用户名。本例测试匿名用户身份登录,所以输入匿名用户名"anonymous"并按 Enter 键。

第四步 随后出现提示信息"密码:",要求输入登录的 FTP 用户的密码。匿名用户登录时建议输入访问者的 E-mail 地址,也可以不输入任何字符而直接按 Enter 键,即可登录 FTP 站点。本例为不输入任何字符而直接按 Enter 键。

第五步 输入"dir"命令,列出的是 FTP 站点根目录下的文件目录。

第六步 最后使用 bye 命令可断开与 FTP 服务器的连接,退出 FTP 会话。

上述所有操作过程如图 5 - 55 所示。

图 5 - 55 使用命令以匿名用户登录 FTP 站点

注意:客户机登录 FTP 站点前要特别留意当前目录位置,若不给定路径,则默认指当前目录,除非先使用 lcd 命令来改变本地的当前目录。掌握一些 FTP 命令操作对服务器管理员来说非常重要。常用的 FTP 命令如表 5 - 2 所示。

表 5 - 2 常用的 FTP 命令

命令格式	说明
dir remote-directory	显示远程目录文件和子目录列表
cd remote-directory	更改远程计算机上的工作目录
get remote-file "local-file"	将远程文件下载到本地计算机
put local-file "remote-file"	将本地文件上传到远程计算机上
ls remote-directory	显示远程目录文件和子目录的缩写列表
delete remote-file	删除远程计算机上的文件
rmdir remote-directory	删除远程目录
mkdir remote-directory	创建远程目录

2. 使用浏览器或资源管理器访问 FTP 站点

第一步　在客户机浏览器的地址栏输入 ftp://ftp.cap.com 或 ftp://192.168.38.1 并按 Enter 键后，浏览器会自动以匿名用户 anonymous 登录 FTP 站点，并在页面中列出站点根目录下的文件目录，如图 5－56 所示。

图 5－56　使用 IE 浏览器匿名登录 FTP

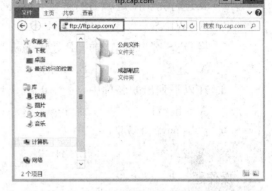

图 5－57　使用文件资源管理器匿名登录 FTP

第二步　打开客户机的文件资源管理器，在地址栏输入地址后也同样会自动以匿名用户 anonymous 登录 FTP 站点，如图 5－57 所示。

> 提示：① 如果 FTP 站点所在的服务器上启用了防火墙，则应将客户机浏览器做如下设置：启动 IE 浏览器，依次单击"工具"→"Internet 选项"，在打开的"Internet 选项"对话框中单击"高级"选项卡，在"设置"列表框内取消勾选"使用被动 FTP"选项。
>
> ② 对于端口号不是 21 的 FTP 站点的访问，需要事先将 FTP 站点所在服务器的防火墙开启相应的端口号或关闭防火墙。

 课后习题

一、选择题（单选题）

1. 在 TCP/IP 网络中，实现为网络设备自动分配 IP 地址等配置数据的服务，叫作（　　）服务。

　　A. DNS　　　　　　B. DHCP　　　　　　C. RAS　　　　　　D. Router

2. 在活动目录域的环境中，DHCP 服务器必须经过（　　）后才能正常工作。

　　A. 升级　　　　　　B. 合并　　　　　　C. 授权　　　　　　D. 卸载

3. 如果希望一个 DHCP 客户机总是获取一个固定的 IP 地址，那么可以在 DHCP 服务器上为其设置（　　）。

　　A. IP 地址的保留　　B. IP 作用域　　　　C. DHCP 中继代理　　D. 子网掩码

4. 在 Internet 上，广泛使用（　　）来标识计算机。

　　　A. 完全限定域名　　B. NetBIOS 名　　C. 域名　　　　　　D. IP 地址

5. 为了向用户提供完全限定域名的解析功能,需要在网络中安装并配置(　　)服务器。

　　　A. 打印　　　　　　B. 路由　　　　　　C. DNS　　　　　　D. WINS

6. 如果用户计算机在查询本地解析程序缓存没有解析成功时,希望由 DNS 服务器为其进行完全限定域名的解析,那么需要把这些用户的计算机配置为(　　)客户机。

　　　A. WINS　　　　　　B. DHCP　　　　　　C. 远程访问　　　　D. DNS

7. 将 DNS 客户机请求的 IP 地址解析为对应的完全限定域名的过程称为(　　)查询。

　　　A. 递归　　　　　　B. 正向　　　　　　C. 迭代　　　　　　D. 反向

8. 在以下列出的名称中,(　　)是一台计算机的完全限定域名。

　　　A. client1　　　　　B. news.xyz.com　　C. abc@163.com　　D. pc1[20H]

9. FTP 的端口号是(　　)。

　　　A. 22,23　　　　　　B. 24,25　　　　　　C. 53,54　　　　　　D. 20,21

二、操作题

在 DHCP 服务器上为一个 DHCP 客户机设置 IP 地址的保留,希望保留的 IP 地址为:192.168.1.100。该 DHCP 客户机的名称为:client100,网卡的硬件地址为:AA15DF67BC89。

操作步骤:

第一步　在"DHCP"管理工具中,右击"保留",选择＿＿＿＿＿＿＿。

第二步　在"新建保留"对话框中的"保留名称"中输入:＿＿＿＿＿＿＿,在"IP 地址"中输入:＿＿＿＿＿＿＿,在"MAC 地址"中输入:＿＿＿＿＿＿＿。

校园网的安全与诊断

☞ 扫码可见本项目微课

2018 年 4 月习近平总书记在全国网络安全和信息化工作会议上发表讲话："没有网络安全就没有国家安全，就没有经济社会稳定运行，广大人民群众利益也难以得到保障。"

随着互联网技术的发展，计算机病毒不断地通过网络产生和传播，计算机网络不断地被非法入侵，重要情报、资料被窃取，甚至造成网络系统的瘫痪等等。诸如此类的事件已给政府及企业造成了巨大的损失，计算机网络安全的防范已经严重地影响了日常生活，因此，掌握基本的网络安全知识成为当今网络应用的重要职业能力之一。

本项目主要介绍网络安全的基本概念，掌握防火墙技术应用，信息保密和认证技术，掌握故障诊断基本操作。

 学习要点

- 网络安全基本概念
- 故障诊断
- 防火墙应用技术

6.1 项目基础知识

电脑中毒是一种十分普遍的现象，很多人在电脑中毒以后，不知如何是好，害怕电脑当中的重要信息暴露，这时我们该怎么办呢？一般情况下，电脑如果被病毒侵染，当电脑关机的时候其中的数据就会被盗取，使得电脑出现问题，严重威胁了个人信息安全。

如果发现电脑出现中毒现象以后，还能正常工作，这时我们就需要关闭电脑当中所有正在运行的程序，而且不要再登录任何的个人信息，也不要修改自己账号的密码，只要及时地将电脑当中的杀毒软件打开并进行杀毒操作，然后等待一段时间，当电脑软件杀毒完成以后，将电脑进行重启，这样就可以将大多数的病毒消除。

近几年，随着移动互联网、大数据、云计算、人工智能等新一代信息技术的快速发展，围绕网络和数据的服务与应用呈现爆发式增长，丰富的应用场景下暴露出越来越多的网络安全风险和问题，使个人信息被不合理使用、收集、篡改、删除、复制、盗用、散布的可能性大大增加，并在全球范围内产生广泛而深远的影响，例如近几年频繁发生的勒索病毒攻击、跨国电信诈骗、数据泄露、网络暴力等事件，给各国的互联网发展与治理带来巨大的挑战。

6.1.1　网络安全的基本概念

据统计,目前网络攻击手段有数千种之多,使网络安全问题变得极其严峻。据美国商业杂志《信息周刊》公布的一项调查报告称,黑客攻击和病毒等安全问题在 2000 年造成了上万亿美元的经济损失,在全球范围内每一秒钟就发生多起网络攻击事件。自 1987 年世界上第一个计算机病毒被发现以来,病毒的数量已经超过 100 000 个,而且新病毒的数量还在以每年 2 000 个的速度增加,不断地困扰着计算机领域的各个行业。

安全漏洞、数据泄露、网络诈骗、勒索病毒等网络安全威胁日益凸显,有组织、有目的的网络攻击形势愈加明显,为网络安全防护工作带来更多挑战。

一、网络安全概念

网络安全就是网络上的信息安全,是指网络系统的硬件、软件及其系统中的数据受到保护,不受偶然的或者恶意的原因而遭到破坏、更改、泄露,系统连续可靠正常地运行,网络服务不中断。网络安全引申自信息安全,维护网络安全的目标也是维护网络中信息本身的安全。信息安全指对信息的保密性、完整性和可用性的保护,防止未授权者篡改、破坏和泄露信息。网络安全包括物理安全和逻辑安全两方面。

二、网络安全的基本要素

网络安全包含五个基本要素,即保密性、完整性、可用性、可控性与不可否认性,五要素之间的关系如图 6-1 所示。

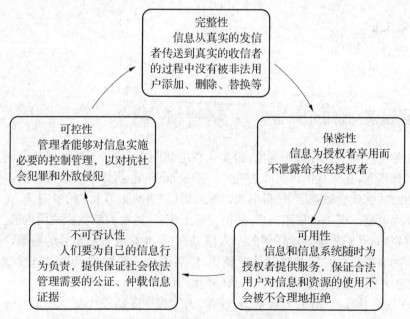

图 6-1　网络安全 5 个基本要素

1. 保密性(Confidentiality)

保密性是指保证信息不能被非授权访问,即非授权用户得到信息也无法知晓消息内容,因而不能使用。通常通过访问控制来阻止非授权用户获得信息,还通过加密阻止非授权用户获知信息内容,确保信息不暴露给未授权的实体或者进程。

2. 完整性(Integrity)

完整性是指只有得到允许的人才能修改实体或者进程,并且能够判断实体或者进程是否已被修改。一般通过访问控制阻止篡改行为,同时通过消息摘要算法来检验信息是否被篡改。

3. 可用性(Availability)

可用性是信息资源服务功能和性能可靠性的度量,涉及物理、网络、系统、数据、应用和用户等多方面的因素,是对信息网络总体可靠性的要求。授权用户根据需要,可以随时访问所需信息,攻击者不能占用所有的资源而阻碍授权者的工作。使用访问控制机制阻止非授权用户进入网络,使静态信息可见,动态信息可操作。

4. 可控性(Controllability)

可控性主要是指对危害国家信息(包括利用加密的非法通信活动)的监视审计,控制授权范围内的信息的流向及行为方式。使用授权机制,控制信息传播的范围、内容,必要时能恢复密钥,实现对网络资源及信息的可控性。

5. 不可否认性(Non-Repudiation)

不可否认性是对出现的安全问题提供调查的依据和手段。使用审计、监控、防抵赖等安全机制,使攻击者、破坏者、抵赖者"逃不脱",并进一步对网络出现的安全问题提供调查依据和手段,实现信息安全的可审查性,一般通过数字签名等技术来实现不可否认性。

三、网络安全事件

21世纪人类已进入信息时代,无论是网络系统安全、物理安全,还是数据安全等,都对社会的发展产生了举足轻重的影响。而中国作为拥有最大网民数量的国家也经常会遭受境外不法分子的攻击,企图获取我国公民信息,破坏国家稳定,获取不法利益等。国家互联网应急中心曾检测到我国持续遭受境外网络攻击,境外组织通过攻击控制我国境内计算机对他国进行网络攻击,尤其是网络攻击友好国家,企图嫁祸中国。

2022年2月丰田汽车遭受勒索软件攻击、2022年3月可口可乐总公司遭受勒索软件攻击、2022年5月搜狐遭到大规模"工资补助"诈骗,属于网络钓鱼攻击。2022年4月12日,西北工业大学报警称,西工大师生频繁收到一些十分可疑的电子邮件。

2022年6月22日,西北工业大学发布《公开声明》称,该校遭受境外网络攻击。陕西省西安市公安局碑林分局随即发布《警情通报》,证实在西北工业大学的信息网络中发现了多款源于境外的木马样本,西安警方已对此正式立案调查。有明确证据显示,西北工业大学遭到美国国家安全局的网络攻击。

四、常见的网络攻击手段

1. DDOS

分布式拒绝服务攻击,由攻击者、主控端、代理端和攻击目标四个部分组成,主控端和代理端分别用于控制和实际发起攻击(基于源IP地址)。

例如,小周开了一家火锅店,门庭若市,对面还有一家小李开的火锅店,但是无人问津,小李为了对付小周开的火锅店,雇佣一堆人坐在小周的火锅店,但是不进行任何消费,导致其他顾客也无法用餐。

2. 网络钓鱼

一种典型的常见欺诈攻击,攻击者通常伪装成真人、系统或企业,并使用网络钓鱼电子邮件通过电子邮件或其他通信渠道分发可以执行各种功能的恶意链接或附件,提取登录凭据或者帐户信息,或自动下载恶意软件,使受害者可以用恶意软件感染自己的计算机,最终目标是捕获用户的敏感数据。

例如,小王同学是某网络公司的一名职工,有一天他的邮箱收到一封标题为"工资补助"的邮件,当邮件点开之后,小王的邮箱便被盗取,攻击者利用小王的邮件冒充财务继续发送邮件给其他员工,随后技术部门发现及时并做出了紧急处理,避免了财产损失。

3. 0day 漏洞攻击

通常是指尚未修补的安全漏洞,而零日攻击是指利用零日漏洞启动系统或软件应用程序的网络攻击,如图 6-2 所示。由于零日漏洞通常具有很高的严重性,因此零日攻击也往往具有相当大的破坏性。目前,没有任何安全产品或解决方案可以完全防御零日攻击。但是,通过构建完善的防御体系,提高人员的防范意识,可以有效降低被零日攻击的概率,减少零日攻击造成的损失。

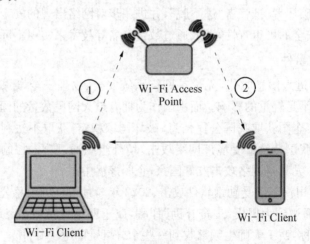

图 6-2　0day 漏洞攻击原理示意图

例如,小吕同学在手机短信中发现了一个不明链接,随后在准备删除的过程中,误触了链接,导致手机最高权限被黑客获取,被下载大量软件且无法删除。最终导致小吕同学不得不重新换购手机。

6.1.2　计算机病毒基础知识

一、计算机病毒

计算机病毒是人为制造的,有破坏性,又有传染性和潜伏性,对计算机信息或系统起破坏作用的程序。它隐藏在其他可执行程序中,在潜伏期计算机病毒可能只是轻微拖延计算机的运行速度而不会轻易的被用户所察觉,在必要时破坏计算机系统等,给用户带来极大的损失。我们将这种破坏性程序称为计算机病毒。

病毒这个词汇最早出现在自然界生物学中,表示一种形态微小、细胞结构简单且可以复制的微生物。而计算机病毒指的则是人编写的恶意代码。

计算机病毒最早是由美国 F.Cohen 博士提出的。它是一串可执行的代码,具有非常强大的复制能力,可以很快地蔓延并且难以根除。

在国外对于计算机病毒具有多种定义,而国外流行的定义:一段附着在其他应用程序上的可以实现自我"繁殖"的程序代码。

在我国《中华人民共和国计算机信息系统安全保护条例》中对计算机病毒明确定义:指编制或者在计算机中插入的破坏计算机功能或者破坏数据,影响计算机使用并且能够自我复制的一组计算机指令或者程序代码。

二、常见的计算机病毒

网络病毒:通过网络去感染可执行文件散播病毒。

引导病毒:主要攻击以及感染磁盘的一种常见型病毒。

文件病毒:主要攻击计算机内文件的一种病毒,通常伪装为"刚需"软件(游戏、成人软件等钓鱼软件)当执行被感染的文件后,病毒便开始破坏系统,造成用户损失。

木马病毒:主要是黑客常用来窃取用户的一种后门程序,具有很强的隐蔽性,跟随操作系统的启动而开始执行,造成目标主机瘫痪。

图6-3　木马病毒

蠕虫病毒:通常是寄生在一台或者多台计算机中,最大的特点就是以宿主机作为源扫描机,扫描其他计算机是否感染蠕虫病毒,如果没有就会通过漏洞等方式进行感染。

三、计算机病毒特征

了解计算机病毒特征之前,我们首先要明白计算机病毒运行起来才具有传染和破坏等特性,换言之计算机的控制权是关键。前面提到过计算机病毒是一段可执行程序,它寄生在其他可执行文件上,因此,它和其他合法程序一样,享有一切程序所能得到的权力。它隐藏在正常程序中,当用户正常调用程序时,它便可以窃取系统的控制权,优先于正常程序执行,而病毒的目的以及动作对于用户而言是未知的,并且是未经过用户允许的。

计算机病毒的特征如下:

➢ 破坏性

一旦病毒侵入系统,都会对系统以及程序产生不同的影响,如占用 CPU 时间和内存开销、对文件或者数据进行破坏、删除文件、加密磁盘等。

➢ 隐藏性

病毒正常都是具有很高的编程技巧、短而精悍的一段程序,通常嵌入在正常的磁盘或者合法的程序中,不会轻易被用户发现。一旦病毒获得系统控制权后,可以在短时间感染大多数程序,这个过程用户是感知不到的,同时还可以在用户察觉不到的情况下扩散到其他计算机中。

➢ 传染性

对于病毒而言,传染性是它最大也是最重要的一个特性。它通过修改合法程序,随后将自己代码放进去,从而达到扩散的目的。为了这一目的,病毒可以通过各种可行渠道如软件、网络等去实现。这就好像感冒等流感型病毒可以传播,这也是"计算机病毒"名称的由来之一。

6.1.3　计算机病毒预防措施

一、网络安全的隐患

网络安全的隐患是指计算机或其他通信设备,利用网络交互时可能会受到的窃听、攻击或破坏,泛指侵犯网络系统安全或危害系统资源的潜在的环境、条件或事件。

计算机网络和分布式系统很容易受到来自非法入侵者和合法用户的威胁。网络安全隐患包含的范围比较广,如自然火灾、意外事故、人为行为(如使用不当、安全意识差等)、黑客行为、内部泄密、外部泄密、信息丢失、电子监听(信息流量分析、信息窃取等)和信息战等。

二、伪基站的安全防范

① 不打开不明号码发送的短信链接。

② 发现手机信号突然中断时,必须提高警惕。

③ 收到中奖、抽奖等短信时不可轻信。

④ 在手机上被要求输入银行卡、支付宝等的账号及密码时要格外小心,尽量不要在非官方应用程序或非官方网页上进行操作。

三、钓鱼 Wi-Fi 的安全防范

① 关闭手机自动连接 Wi-Fi 的功能。

② 公共场所尽量不要连接未知 Wi-Fi。

③ 不要将自己家里的 Wi-Fi 密码共享并定期修改密码。

④ 在使用未知 Wi-Fi 时不要输入支付宝、微信、QQ、银行卡等的账户及密码信息。

四、通信诈骗的安全防范

① 凡是涉及银行账户信息及中奖的电话,一律挂掉。

② 凡是让点击链接的不明短信,一律删除。

③ 凡是 QQ 或微信发来的莫名链接,一律不点。

④ 凡是谈到"电话转接公检法"信息的电话,一律挂掉。

⑤ 凡是自称领导、同事、同学、亲戚要求汇款的,一律不管。

⑤ 凡是告知家属出事需要汇款的,一律举报。

五、二维码的安全防范

① 不要贪图便宜随便扫描未知二维码。

② 扫描二维码后若要求填写个人账户信息,应当毫不犹豫坚决拒绝。

③ 手机上安装正规防病毒软件,定期扫描手机以确保安全。

六、网盘(云盘)的安全防范

① 尽量不要使用网盘存储重要及私密文件,以防止信息泄露。

② 网盘里的存储内容一定要在本地备份,避免被不法分子修改或删除。

③ 对保存在网盘上的数据进行加密。

④ 彻底清空网盘回收站中的已删除文件,并删除访问、传输及共享文件后的历史记录。

6.1.4 防火墙技术

防火墙技术的功能主要在于及时发现并处理计算机网络运行时可能存在的安全风险、数据传输等问题,其中处理措施包括隔离与保护,同时可对计算机网络安全当中的各项操作实施记录与检测,以确保计算机网络运行的安全性,保障用户资料与信息的完整性,为用户提供更好、更安全的计算机网络使用体验。

古代人们房屋之间修建了一道墙,墙可以防止火灾发生的时候蔓延到别的房屋。在互联网上防火墙是一种非常有效的网络安全模型,通过它可以隔离风险区域(即 Internet 或有一定风险的网络)与安全区域(局域网)的连接,同时不会妨碍人们对风险区域的访问,所以它一般连接在核心交换机与外网之间。本项目提及的防火墙是指隔离在本地网络与外界网络之间的一道防御系统,其实原理是一样的,也就是防止风险扩散。

通常所说的网络防火墙是借鉴了古代真正用于防火的防火墙的喻义,它指的是隔离在本地网络与外界网络之间的一道防御系统。防火可以使企业内部局域网(LAN)网络与Internet 之间或者与其他外部网络互相隔离、限制网络互访用来保护内部网络。

一、防火墙的概述

防火墙的英文名称为 Firewall,它是用一个或一组网络设备,诸如计算机系统或路由器等,在两个或多个网络间加强访问控制,以保护一个网络不受来自另一个网络攻击的安全技术。防火墙就像一把保护伞一样,保护着单机用户和局域网用户,如图 6-4 所示。

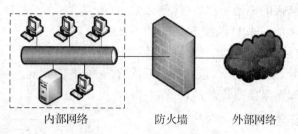

内部网络　　　　　　防火墙　　　　外部网络

图6-4　防火墙隔离防护示意图

在通信领域中看防火墙这一设备是用来隔离两个网络,保护一个网络区域免受来自另一个网络区域的网络攻击和网络入侵行为。

网络上的威胁数不胜数,为了保证网络的安全,阻断恶意入侵,可以在该网络与Internet之间设置防火墙。

二、防火墙的分类

1. 网络层防火墙

网络层防火墙可视为一种IP封包过滤器,运作在底层的TCP/IP协议堆栈上。我们可以枚举的方式,只允许符合特定规则的封包通过,其余的一概禁止穿越防火墙(病毒除外,防火墙不能防止病毒侵入)。这些规则通常可以经由管理员定义或修改,不过某些防火墙设备可能只能套用内置的规则。我们也能以另一种较宽松的角度来制定防火墙规则,只要封包不符合任何一项"否定规则"就予以放行。

2. 应用层防火墙

应用层防火墙是在TCP/IP堆栈的"应用层"上运作,使用浏览器时所产生的数据流或是使用FTP时的数据流都是属于这一层。应用层防火墙可以拦截进出某应用程序的所有封包,并且封锁其他的封包(通常是直接将封包丢弃)。理论上,这一类的防火墙可以完全阻绝外部的数据流进到受保护的机器里。防火墙借由监测所有的封包并找出不符规则的内容,可以防范电脑蠕虫或是木马程序的快速蔓延。根据侧重不同,可分为:包过滤型防火墙、应用层网关型防火墙、服务器型防火墙。

3. 数据库防火墙

数据库防火墙是一款基于数据库协议分析与控制技术的数据库安全防护系统。基于主动防御机制,实现数据库的访问行为控制、危险操作阻断、可疑行为审计。数据库防火墙通过SQL协议分析,根据预定义的禁止和许可策略让合法的SQL操作通过,阻断非法违规操作,形成数据库的外围防御圈,实现SQL危险操作的主动预防、实时审计。数据库防火墙面对来自外部的入侵行为,提供SQL注入禁止和数据库虚拟补丁包功能。

三、防火墙的特征

一般的,防火墙系统应该具备以下特性:

(1) 所有在内部网络和外部网络之间传输的数据都必须经过防火墙。

(2) 只有被授权的合法数据即安全策略允许的数据才允许通过防火墙。

（3）防火墙本身具有预防入侵的功能，不受各种攻击的影响。

（4）人机交互界面良好，用户配置方便、易管理。

现在市面上的防火墙也不是终点，网络在不断发展，新的需求与技术也在不断涌现，在不久的将来，防火墙会变得更加的智能和高级，也会变得更加容易管理。

四、防火墙的局限性

防火墙不是解决所有网络安全问题的万能药方，只是网络安全政策和策略中的一个组成部分。

① 防火墙不能防范绕过防火墙的攻击。

② 防火墙不能防范来自内部人员恶意的攻击。

③ 防火墙不能阻止被病毒感染的程序或文件的传递。

④ 防火墙不能防止数据驱动式攻击。

6.1.5　杀毒软件及应用

1. 杀毒软件介绍

随着人们对网络应用频率的提升，当下社会已经进入了大数据时代。在开放性的网络环境之下，海量有价值的数据信息往往会受到多方面因素的影响而使其面临着一定的安全风险。因此，有必要通过多种方式来加强网络信息安全的防范，提升安全防护等级，从病毒防范、技术水平提升、人才队伍建设以及所处环境优化等多个方面入手，采取多种升级和优化的方法来应对安全风险，为信息数据的安全提供保障。

杀毒软件广义上来讲就是用来消除计算机威胁的软件，如恶意软件、木马、病毒等。它的工作方式便是扫描以及监控磁盘，当然不同的杀毒软件的工作方式也不相同。

杀毒软件的基本工作原理其实就是实时监控和扫描磁盘，发现存在电脑中的病毒及漏洞，再进行针对性清除。"云安全"技术的应用，也让识别和查杀病毒不再仅仅依靠本地硬盘中的病毒库，依靠云端实时更新的病毒特征可以快速完成采集、分析以及处理。

2. 常见的杀毒软件

随着各类安全工具和电脑系统自身安全性的提升，电脑病毒已没那么容易入侵进用户系统，也正因如此许多用户对于系统安全性的重视程度慢慢降低。但需要注意的是，杀毒软件在系统的常驻，对于及时发现未知病毒还是有很大帮助的，一旦病毒在后台进行"超权"的异常操作，杀毒软件可以及时提醒用户并予以制止。

目前流行的杀毒软件种类有很多，功能也各有差异，常见的杀毒软件见表6-1。

表6-1　常见杀毒软件

杀毒软件名称	公司	软件特色
360杀毒	360	查杀恶意软件、提供全面病毒防护
火绒安全软件	火绒	全新升级杀毒引擎、集"杀、防、管、控"于一身
金山毒霸	金山	智能防火墙系统、保护电脑的浏览器，防止受到病毒入侵

续　表

杀毒软件名称	公司	软件特色
诺顿	赛门铁克	自动防护、自动更新、智能主动防御
卡巴斯基	卡巴斯基实验室	防御常见网络威胁包括木马、蠕虫等

3. 杀毒软件的误区

杀毒技术在不断进步中，但不能完全查杀所有的病毒，很多杀毒软件也只能杀死木马和病毒，有一些病毒即便能查到但不一定能够杀死。在一台终端设备上不必要安装多个杀毒软件，在大多数 Windows 操作系统中都有自带的杀毒软件。

误区一：好的杀毒软件可以查杀所有的病毒。

许多人认为杀毒软件可以查杀所有的已知和未知病毒，这是不正确的。对于一个病毒，杀毒软件厂商首先要先将其截获，然后进行分析，提取病毒特征，测试，然后升级安全策略。虽然，目前许多杀毒软件厂商都在不断努力查杀未知病毒，有些厂商甚至宣称可以 100% 杀未知病毒。杀毒软件厂商只能尽可能地去发现更多的未知病毒，但还远远达不到 100% 的标准。

误区二：机器没重要数据，若有病毒就重装系统，不用杀毒软件。

近几年的病毒已经发生了巨大的变化，病毒编写者以获取经济利益为目的，不会删除用户计算机上的数据，而是在后台悄悄运行，以盗取用户的账号信息、QQ 密码甚至是银行卡的账号，所以杀毒软件的安装是安全的保护伞。

误区三：查毒速度快的杀毒软件才好。

杀毒软件查毒速度的快慢主要与引擎和病毒特征有关。一个好的杀毒软件引擎需要对文件进行分析、脱壳甚至是虚拟执行，这些操作都需要耗费一定的时间。

误区四：杀毒软件和个人防火墙装一个就行了。

实际上，杀毒软件的实时监控程序和个人防火墙完全是两个不同的产品，因此，最好同时安装这两种软件，对计算机进行整体防御。需要注意的是尽量不要安装多种杀毒软件，尤其是同时运行多个杀毒软件和防火墙。很多用户喜欢安装多个杀毒软件，想亲身考证一下究竟哪个杀毒软件最最安全，但是有很多用户不知道，不同厂商开发的杀毒软件很容易引起冲突。国外的杀毒厂商为了避免这种情况的发生，在安装的时候就检测电脑中是否安装有其他杀毒软件。目前国内的杀毒软件安装时还没有这种提示，所以很多用户会同时安装多种杀毒软件。其实避免安装多种杀毒软件是一种对用户负责的态度，将事故隐患杜绝。

杀毒软件对于扫描出来的受感染文件有多种处理方式：清除、删除、禁止访问、隔离以及不处理等。大多数杀毒软件都是落后于计算机病毒的，因此，用户要不断充实病毒相关知识和网络安全知识，不随意点开不安全网页和陌生文件以及不健康站点，注意自己的密码隐私，提高个人网络安全。

6.1.6　网络安全常见防范技术

一、信息加密技术

信息加密系统由以下四部分组成:明文,即未经任何处理的原始报文;密文,即经加密技术处理后的报文;加密/解密算法;加密/解密密钥。

信息加密技术中的信息传输流程为:发送方在传输原始报文之前先使用加密密钥,通过加密算法对其加密,形成密文;后经由网络传输,递达接收方;接收方使用解密密钥,通过解密算法对密文解密,获得明文。具体如图 6-5 所示。

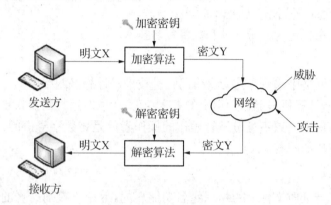

图 6-5　信息加密过程

1. 对称加密技术

在对称加密技术中,收发双方使用同样的密钥:发送方结合密钥将明文经算法处理为密文,并发送给接收方;接收方接收到密文后,使用相同的密钥与算法对其解密,恢复成明文。

对称加密技术的算法公开、计算量小、加密速度快、加密强度高,但由于通信双方使用相同的密钥,它具有以下局限性:

➤ 密钥分发困难,安全性得不到保障。

➤ 由于每对用户每次使用对称加密算法时都需要使用其他人不知道的唯一密钥,通信双方所持有的密钥数量呈几何级增长,管理困难。

➤ 缺乏签名功能,使用范围不够广泛。

2. 非对称加密技术

非对称加密技术中使用一对密钥:公钥和私钥。若使用公钥加密数据,只有对应的私钥可以解密;如果使用私钥加密数据,只有对应的公钥可以解密。因为加密和解密使用不同的密钥,所以这种加密技术称为非对称加密技术。

非对称加密技术的信息传输流程是:甲方生成一对密钥,并将其中的一把作为公钥向其他方公开;得到该公钥的乙方使用该密钥对信息进行加密后发送给甲方;甲方使用自己保存的另一把密钥(即私钥)对加密后的信息进行解密。

二、信息隐藏技术

信息加密技术虽然可能避免攻击者读懂信息,但无法避免攻击者销毁信息;与信息加密技术相比,信息隐藏技术更能保证信息的安全。

虽然目前信息加密技术仍是保障信息安全最基本的手段,但信息隐藏作为信息安全领域的新方向,其研究越来越受到人们的重视。

三、信息认证技术

信息认证技术是通过限定信息的共享范围,以防止伪造、篡改等主动攻击的技术,其基本功能如下:

➢ 合法的接收者能够验证其所接收的信息的真实性。

➢ 信息发送者无从否认自己发送的信息。

➢ 除合法的发送者外,他人无法伪造信息。

信息认证技术主要包含身份认证和数字签名技术。

1. 身份认证

身份认证是在网络中确认操作者身份的一种技术。计算机网络中的一切信息都是由一组特定数据表示的,计算机只能识别用户的数字身份,所以对用户的授权也是针对用户数字身份的授权。如何保证以数字身份进行操作的操作者就是该数字身份的合法拥有者,就是身份认证技术需解决的问题。

2. 数字签名技术

数字签名技术与纸质文件上的物理签名功能相同,都用于鉴别信息的真伪。数字签名技术中使用了 Hash 函数和非对称加密算法,其操作分为数字签名和数字签名验证两个过程。数字签名这一过程发生在发送端,具体步骤如下:

第一步　发送方利用数字摘要技术(单向的 Hash 函数)生成报文摘要。

第二步　采用非对称加密技术中的私钥对报文摘要进行加密。

第三步　将原文和加密后的摘要一同发送给接收方。

数字签名验证这一过程发生在接收端,具体步骤如下:

第一步　接收方利用数字摘要技术从原文中生成报文摘要。

第二步　接收方采用公钥对发送方发来的摘要密文进行解密,得到发送方生成的报文摘要;

第三步　接收方对比两份报文摘要,若相同则说明信息没有被篡改。

四、防火墙技术

尽管近年来各种网络安全技术不断涌现,但到目前为止防火墙仍是网络系统安全保护中最常用的技术。防火墙系统是一种网络安全部件,它可以是硬件,也可以是软件,也可以是硬件和软件的结合。这种安全部件处于被保护网络和其他网络的边界,接收进出被保护网络的数据流,并根据防火墙所配置的访问控制策略进行过滤或做出其他操作。

防火墙系统不仅能够保护网络资源不受外部的入侵,而且还能够拦截从被保护网络向外传送有价值的信息。防火墙系统可以用于内部网络与 Internet 之间的隔离,也可用于内部网络不同网段的隔离,后者通常称为 Intranet 防火墙。

6.1.7 网络诊断技术

网络故障是我们日常生活中经常遇到的情况,一般可以根据网络故障的性质把网络故障划分为物理故障和逻辑故障,也可以根据对象划分为线路故障、路由器故障、主机故障。掌握基本的网络故障排错方法是一项必备的技能。

一、网络连通测试命令 ping

ping 是基于 Internet 控制消息协议(ICMP)开发的命令,它是网络测试过程中最常用的命令,可用来检测主机之间的连通性和网络延迟(往返时间)。如果发现了网络连接超时,或者在测试和部署网络通信应用时出现卡顿,第一时间想到就是 ping 命令,查看目标服务器通不通。以百度(www.baidu.com)为例,结果如图 6-6 所示。

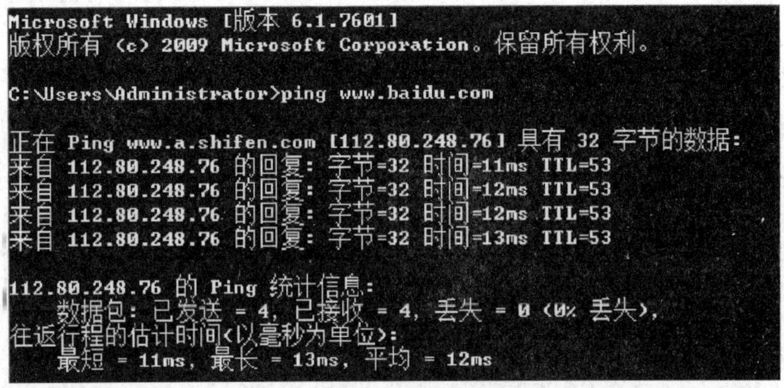

图 6-6　ping 测百度结果

ping 的命令很简单,但是作为网络检测的工具之一,确实非常有用的,它可以向目的主机发送用于确认网络连接性的 IP 数据包,并且检查数据包是否成功到达并收到回应数据包,用以确认主机之间网络连接性和网络性能。

假设有两台主机,主机 A(172.16.1.100)和主机 B(172.16.1.200),现在我们想要检测主机 A 和主机 B 之间的网络是否具有连通性,我们只需在主机 A 中输入命令:ping 172.16.1.200。

在一定时间内,如果主机 A 收到的 B 回应的应答包,则表明 A 与 B 之间网络是可达的,如果没有收到,则表明不可达。

除此之外我们还可以通过命令 ping 加上一些选项使得 ping 的结果更加详细,如表 6-2 所示。

表 6-2　ping 命令选项

-t	ping 指定的主机,直到停止。 若要查看统计信息并继续操作,请键入 Ctrl+Break。 若要停止,请键入 Ctrl+C。
-a	将地址解析为主机名。
-ncount	要发送的回显请求数。
-f	在数据包中设置"不分段"标记(仅适用于 IPv4)。

-iTTL	生存时间。
-R	同样使用路由标头测试反向路由(仅适用于 IPv6)。 根据 RFC5095,已弃用此路由标头。 如果使用此标头,某些系统可能丢弃回显请求。
-4	强制使用 IPv4。
-6	强制使用 IPv6。

若两台主机之间 ping 不通,并不意味着对方一定不存在或无法连通。最常见的一种情形是两台主机之间本来是连通的,但由于本机或目标主机上安装了杀毒软件或启用了防火墙,其默认设置会过滤掉 ICMP(ping)数据包,这也会提示"无法访问目标主机"或"请求超时"信息。

二、地址配置命令 ipconfig

ipconfig 命令用于显示当前的 TCP/IP 配置的设置值,通常用于验证手动配置的 TCP/IP 设置是否正确。我们大多数的局域网都是使用动态主机配置协议(DHCP),ipconfig 也可以查询主机是否从 DHCP 服务器拿到地址,如果拿到地址,则可以了解到目前是什么地址,其中包括 IP 地址、子网掩码以及默认网关等相关的网络配置信息。所以我们会频繁地处理 ipconfig,所以有必要对 ipconfig 有所了解。

ipconfig 常用选项:

(1) ipconfig:不携带参数 ipconfig 只会显示出最基本的信息 IP 地址、子网和缺省网关地址。默认只显示绑定到 TCP/IP 的适配器的 IP 地址、掩码以及默认网关。如果有多块网卡配置了 IP 地址,ipconfig 命令都会一一显示出来,如图 6-7 所示。

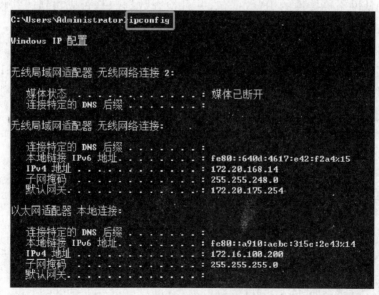

图 6-7　ipconfig 显示本地网络信息

（2）使用 ipconfig /? 查询帮助信息，如图 6－8 所示。

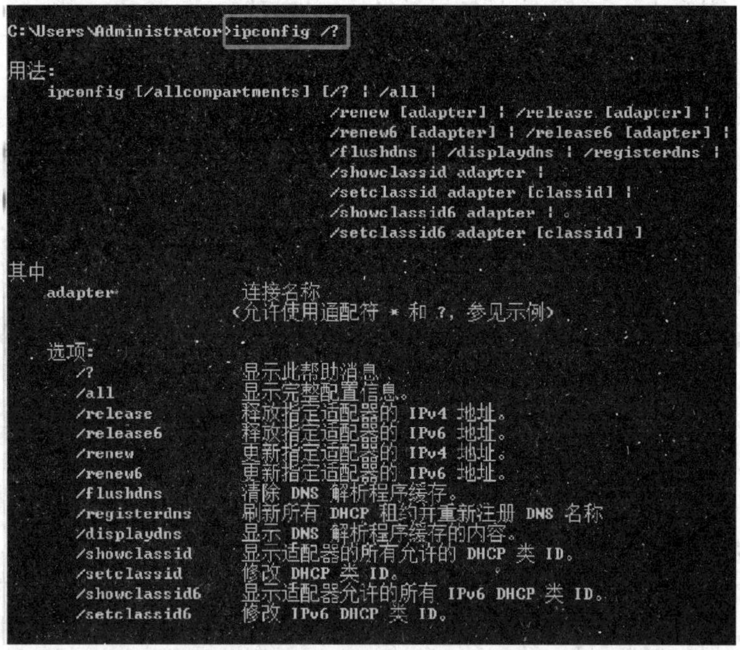

```
C:\Users\Administrator>ipconfig /?

用法:
    ipconfig [/allcompartments] [/? | /all |
                                 /renew [adapter] | /release [adapter] |
                                 /renew6 [adapter] | /release6 [adapter] |
                                 /flushdns | /displaydns | /registerdns |
                                 /showclassid adapter |
                                 /setclassid adapter [classid] |
                                 /showclassid6 adapter |
                                 /setclassid6 adapter [classid] ]

其中
    adapter             连接名称
                       (允许使用通配符 * 和 ?, 参见示例)

    选项:
       /?               显示此帮助消息
       /all             显示完整配置信息。
       /release         释放指定适配器的 IPv4 地址。
       /release6        释放指定适配器的 IPv6 地址。
       /renew           更新指定适配器的 IPv4 地址。
       /renew6          更新指定适配器的 IPv6 地址。
       /flushdns        清除 DNS 解析程序缓存。
       /registerdns     刷新所有 DHCP 租约并重新注册 DNS 名称
       /displaydns      显示 DNS 解析程序缓存的内容。
       /showclassid     显示适配器的所有允许的 DHCP 类 ID。
       /setclassid      修改 DHCP 类 ID。
       /showclassid6    显示适配器允许的所有 IPv6 DHCP 类 ID。
       /setclassid6     修改 IPv6 DHCP 类 ID。
```

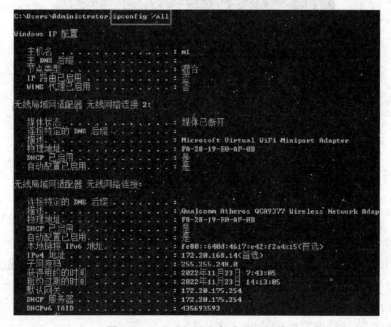

图 6－8　ipconfig /? 显示结果

（3）ipconfig /all：使用 all 选项，ipconfig 能为 DNS 和 WINS 服务器显示它已经配置并使用的所有信息，并且能够显示内置于本地网卡中的 MAC 地址（物理地址）。如果 IP 地址是 DHCP 服务器下发的，也会显示出分配的 IP 地址以及租用时间和失效时间等，如图 6－9 所示。

```
C:\Users\Administrator>ipconfig /all

Windows IP 配置

   主机名  . . . . . . . . . . . . . : ml
   主 DNS 后缀 . . . . . . . . . . . :
   节点类型  . . . . . . . . . . . . : 混合
   IP 路由已启用 . . . . . . . . . . : 否
   WINS 代理已启用 . . . . . . . . . : 否

无线局域网适配器 无线网络连接 2:

   媒体状态  . . . . . . . . . . . . : 媒体已断开
   连接特定的 DNS 后缀 . . . . . . . :
   描述. . . . . . . . . . . . . . . : Microsoft Virtual WiFi Miniport Adapter
   物理地址. . . . . . . . . . . . . : FA-28-19-E0-AF-0B
   DHCP 已启用 . . . . . . . . . . . : 是
   自动配置已启用. . . . . . . . . . : 是

无线局域网适配器 无线网络连接:

   连接特定的 DNS 后缀 . . . . . . . :
   描述. . . . . . . . . . . . . . . : Qualcomm Atheros QCA9377 Wireless Network Adap
   物理地址. . . . . . . . . . . . . : F8-28-19-E0-AF-0B
   DHCP 已启用 . . . . . . . . . . . : 是
   自动配置已启用. . . . . . . . . . : 是
   本地链接 IPv6 地址. . . . . . . . : fe80::640d:4617:e42:f2a4%15(首选)
   IPv4 地址 . . . . . . . . . . . . : 172.20.168.14(首选)
   子网掩码  . . . . . . . . . . . . : 255.255.248.0
   获得租约的时间  . . . . . . . . . : 2022年11月23日 7:43:05
   租约过期的时间  . . . . . . . . . : 2022年11月23日 14:13:05
   默认网关. . . . . . . . . . . . . : 172.20.175.254
   DHCP 服务器 . . . . . . . . . . . : 172.20.175.254
   DHCPv6 IAID . . . . . . . . . . . : 435693593
```

图 6－9　ipconfig /all 部分显示结果

除此之外,我们还可以使用其他选项,功能见表 6-3 所示。

表 6-3　ipconfig 选项

ipconfig /renew	更新指定适配器的 IPV4 地址
ipconfig /renew6	更新指定适配器的 IPV6 地址
ipconfig /flushdns	清除 DNS 解析程序缓存
ipconfig /displaydns	显示 DNS 解析器缓存的内容

三、路由追踪命令 tracert

tracert 是 Windows 系统中 TraceRoutefeature 的缩写,是一款简单的网络诊断工具,探测数据包从源地址到目的地址经过的路由器 IP 地址,主要用于跟踪路由。基本原理是通过向目标发送具有不同 IP 生存时间(TTL)值的 ICMPECHO 数据包,在路径上的每个路由器转发数据包之前,数据包上的 TTL 减 1,当数据包上的 TTL 递减为 0 时,路由器向发送方返回超时消息。

tracert 的用法也有很多:

(1) tracert 后接一个网址,DNS 解析会自动将其转换为 IP 地址然后检测出需要途径的路由器信息。tracert 命令用来跟踪数据包从源主机到目标主机所经过的中间路由器,并显示往返每个路由器的时间,如图 6-10 所示。

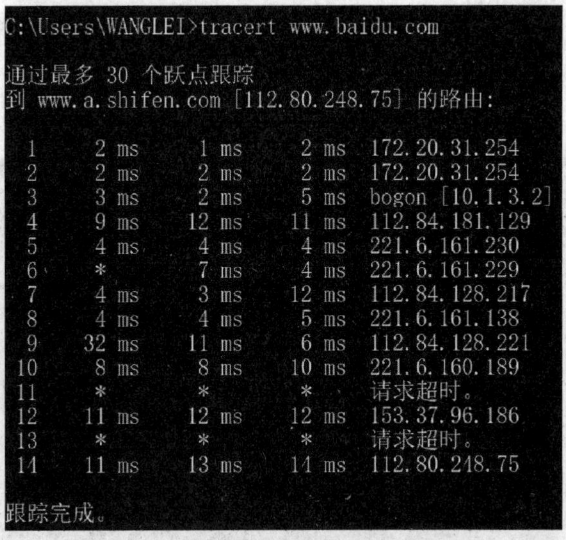

图 6-10　tracert www.baidu.com 返回结果

从上图中可以看出,本机的默认网关为 172.16.31.254(第一台路由器),从本机到目标主机 www.baidu.com(112.80.248.75)中间经过了 13 个路由器,"＊"表示该路由器未应答,请求超时。

(2) 在命令行中输入"tracert"并在后面添加一个 IP 地址,可以查询路由器及其 IP 地址,从本机到该 IP 地址所在的计算机经过,如图 6-11 所示。

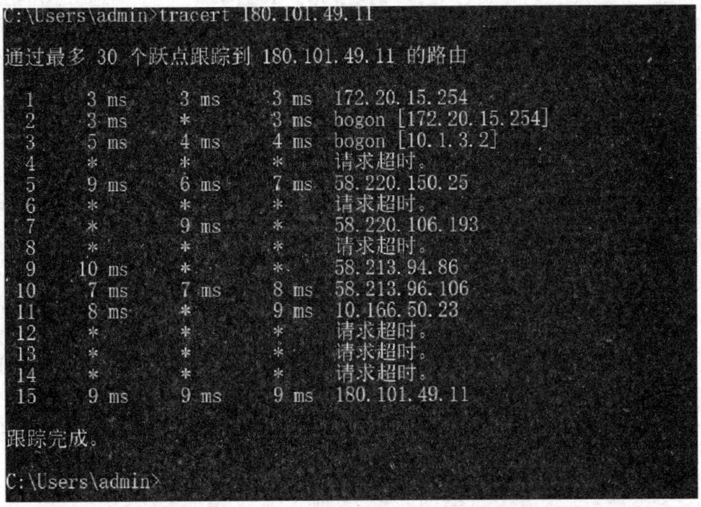

图 6-11　tracert 百度 IP 地址显示结果

（3）使用 tracert 查看帮助信息，如图 6-12 所示。

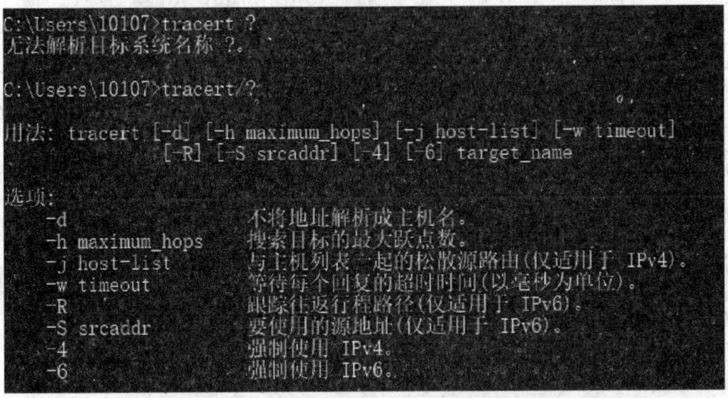

图 6-12　tracert 显示帮助信息

6.2　项目设计

　　学校架设了一台 Web 服务器，对外提供 Web 服务，网络管理员负责管理维护该服务器，为保障网络安全性，该服务器只对外开放 Web 服务，其他服务均禁止访问。服务器操作系统为 Windows Server 2012，请使用服务器本身自带的安全防护功能，实现加固防护。

6.3　项目实施

▐▶ 任务 6-1　配置 Windows 防火墙加固系统

　　通过对项目背景进行分析可知，学校的服务器只对外开放 Web 服务，且服务器搭在

Windows Server 2012 上，Windows Server 2012 自带防火墙功能，通过设置防火墙规则可实现安全防护需求。

第一步 在系统控制面板中，选择"Windows Defender 防火墙"选项并打开，如图 6-13 所示。

图 6-13 Windows Defender 防火墙

第二步 点击"Windows Defender 防火墙"后，选择左侧的"打开或关闭 Windows 防火墙"选项，如图 6-14 所示。

图 6-14 "打开或关闭 Windows 防火墙"窗口

第三步　点击左侧"高级设置"，进入高级安全 Windows 防火墙，如图 6-15 所示。

图 6-15　"高级安全 Windows 防火墙"窗口

第四步　点击左上角"本地计算机上的高级安全 Windows 防火墙"，右击属性，打开"本地计算机上的高级安全 Windows 防火墙属性"窗口进行配置。将"域配置文件""专用配置文件"和"公用配置文件"三个配置文件配成一致，如图 6-16 所示，即防火墙状态设置成启用（推荐），出入站连接均设置为阻止，因为 Windows 防火墙的出入站规则默认优先级是拒绝高于允许。

图 6-16　本地计算机上的高级安全 Windows 防火墙属性

如果此处连接状态设置为允许,那么在出入站规则中进行拒绝配置会导致所有的允许配置不生效。并且分别设置三个配置文件的"指定用于疑难解答的日志设置",单击右侧的"自定义"按钮,打开日志设置窗口,将记录被丢弃的数据包和记录成功的链接均设置为"是",此选项作用在于生成操作日志,帮助排查问题。

第五步 清空入站规则。一般会有较多入站规则,此处我们点击入站规则,Ctrl+A全选禁用或者删除,如图 6-17 所示。

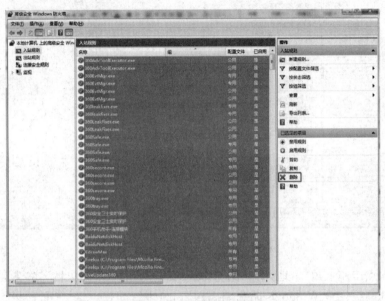

图 6-17 清空入站规则

第六步 清空出站规则。步骤与清空入站规则相同,如图 6-18 所示。

图 6-18 清空出站规则

第七步　配置允许 Web 访问策略,需创建入站规则,右击"入站规则",单击弹出菜单中的"新建规则",打开新建规则向导窗口,如图 6-19 所示。

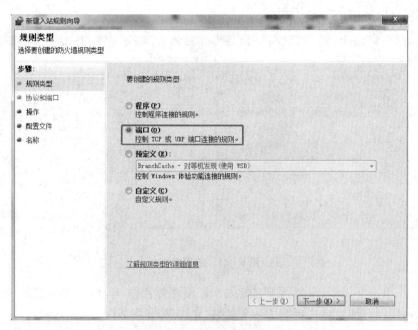

图 6-19　规则类型

第八步　单击下一步进入端口和协议设置窗口,选择"TCP",特定本地端口"80",如图 6-20所示。

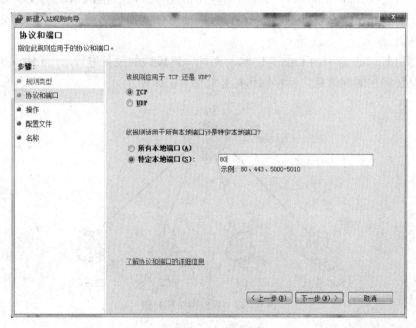

图 6-20　规则类型

第九步 单击下一步,进入"操作"设置窗口,设置连接符合指定条件时,应进行的操作,选择"允许连接",如图 6-21(a)所示。单击下一步,进入"配置文件"设置窗口,指定该规则应用的配置文件,如图 6-21(b)所示。

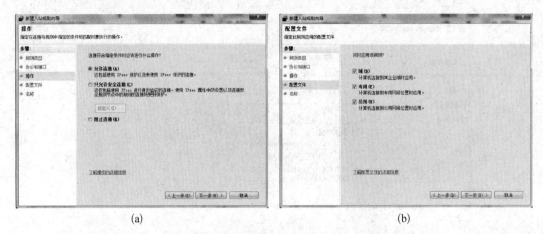

(a)   (b)

图 6-21 应用规则

第十步 单击下一步,设置规则的名称,输入规则名称,单击"完成"按钮,完成规则配置,此时入站规则详细窗口栏新增了一个规则"允许 Web 服务"。

▶ 任务 6-2 网络信息收集

为了确保校园内终端设备的安全性,需要使用网络信息扫描工具针对设备进行扫描,查看端口开启情况,从端口信息确认所开启的应用信息以及潜在漏洞情况。校园网信息中心主任安排张同学先在模拟环境下熟悉工具测试,为后续实操测试终端设备上的安全使用奠定坚实的基础。

小瑞使用 Kali 设备中的 nmap 工具,针对同一网段内的设备进行端口扫描,查看主机端口开启情况及潜在漏洞信息。模拟网络拓扑如图 6-22 所示。

SW1

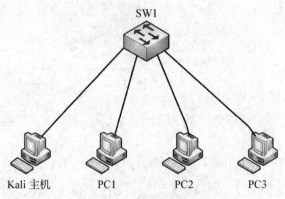

Kali 主机   PC1   PC2   PC3

图 6-22 模拟网络拓扑图

一、搭建网络环境

第一步　打开 Kali 机器以及虚拟的终端设备 Win7 主机,并确保两台机器在 VMware 中都是 NAT 方式通信,双方可以 ping 通。点击 VMware 中虚拟机→设置,点击网络适配器选项,选择"NAT 模式",勾选"已连接",然后点确定,如图 6-23 所示。

图 6-23　虚拟机设置

第二步　在 Kali 机器中打开终端,使用命令 ipconfig 查询本机 IP 地址,如图 6-24 所示。

图 6-24　查看本机 IP 地址

图 6-25　扫描网络

二、扫描网络,收集网络信息

第一步　使用 nmap-sn-n 192.168.106.0/24 来扫描整个网段,确认网段内存活主机数。当显示为"host is up",表示这台终端是存活主机,如图 6-25 所示。

第二步　在 Kali 里面打开 Wireshark 抓包软件。

第三步　在抓包软件的筛选器中输入 ip.dst==192.168.106.141,确定扫描目标为 Win7 主机,并查看在扫描过程中会出现哪种回包,如图 6-26 所示。

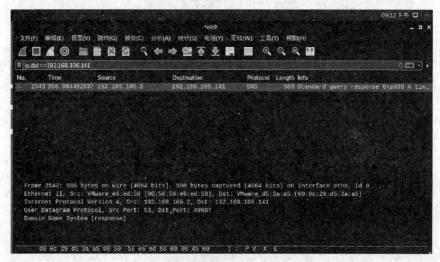

图 6-26　Kali 中抓包

第四步　使用命令 nmap -sT 192.168.106.141 查看终端结果以及回包情况,确认扫描的方式为 TCP connect()扫描,Kali 主机向 Win7 所有端口发送 TCP 请求连接,如果 Win7 端口回复 ack 连接的话,则表示该端口开启,如果无回复,则该端口关闭。Kali 扫描结果如图 6-27 所示,Wireshark 抓包结果如图 6-28 所示。

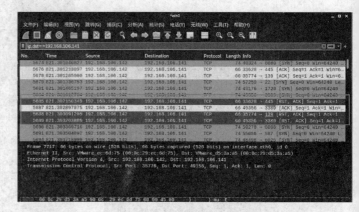

图 6-27　Kali 扫描结果　　　　　图 6-28　Wireshark 抓包结果

第五步　使用命令 nmap -sS 192.168.106.141 查看终端结果以及回包情况,确认扫描的方式为 TCP SYN 扫描,Kali 主机向 Win7 主机的所有端口请求连接,如果 Win7 有回应,则 Kali 主机向对方发送 RST 包,使对方端口复位;如果没有进行真正的连接,则表示该端口开启;如果没有回包则表示该端口关闭。Wireshark 抓包结果如图 6-29 所示。

图 6-29　TCP 扫描结果

第六步　使用命令 nmap -sU 192.168.106.141 查看终端结果以及回包情况,确认扫描的方式为 UDP 扫描,Kali 向 Win7 所有端口请求连接,如果 Win7 端口回应端口不可达则表示该端口关闭,否则该端口开启。Wireshark 抓包结果如图 6-30 所示。

图 6-30　UDP 扫描结果

⫸ 任务 6-3　使用杀毒软件查杀病毒

学院的实训中心的电脑内存经常过载,并伴有电脑死机现象。信息中心李老师认为可能是电脑设备中了计算机病毒,并安排小瑞同学协助机房管理员解决问题。

实训中心网络环境如图 6-22 所示,IP 地址规划表如表 6-4 所示。小瑞同学首先关闭网络,并安装 360 杀毒软件查杀病毒。

一、搭建网络环境

第一步　启动虚拟机,安装 Windows 10 系统,并按照 IP 规划表设置 IP 地址,保证主机间相互通信。

表 6-4　实训中心网络 IP 地址规划表

终端设备	IP 地址	默认网关	MAC 地址
PC1	192.168.1.1/24	192.168.1.254	5E-F0-98-9F-31-A7
PC2	192.168.1.2/24	192.168.1.254	5E-F0-98-57-4A-41
PC3	192.168.1.3/24	192.168.1.254	5E-F0-98-72-4E-D5
PC4	192.168.1.4/24	192.168.1.254	5E-F0-98-59-5E-07

第二步　将虚拟机设置为断网状态,不和其他任何设备通信,如图 6-31 所示。

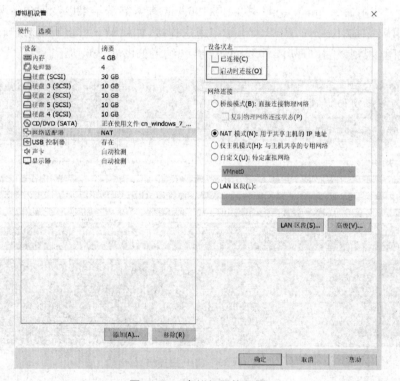

图 6-31　虚拟机网络配置

二、使用 360 杀毒软件查杀病毒

第一步　在主机 PC1 解压运行第一个病毒"彩虹猫病毒",主机出现蓝屏,重启主机后无法进入 Windows 10 系统,屏幕出现一只跳动的彩虹猫,如图 6-32 所示。

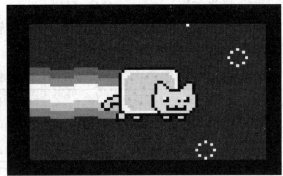

图 6-32　中病毒界面

第二步　安装 360 病毒库,安装完之后使用全盘扫描,看是否可以发现电脑中的压缩文件病毒,并立即处理,结果如图 6-33 所示。

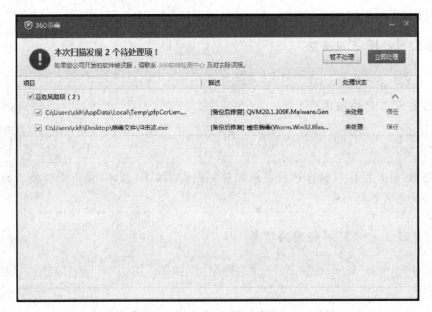

图 6-33　扫描病毒

▮▮▮▶ 任务 6-4　网络设备监控与管理

学院的规模日益扩大,考虑到学院未来的发展,为了方便网络运维人员对网络设备的管理与维护,校园网信息中心决定使用 SNMP 协议进行管理与监控,并安排胡同学在模拟环境下完成测试,为设备上线配置管理奠定坚实的基础。

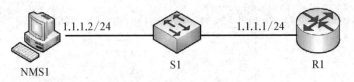

图 6-34　模拟拓扑图

一、需求分析

胡同学选用华为路由设备模拟网络环境,在管理设备时使用 SNMPv3 版本保证互通,网络拓扑如图 6-34 所示,IP 地址规划表如表 6-5 所示。

表 6-5 IP 地址规划表

设备	接口	IP 地址	子网掩码
R1	GigabitEthernet0/0/0	1.1.1.1	255.255.255.0
NMS1	Ethernet0/0/1	1.1.1.2	255.255.255.0

为了方便对告警信息进行定位,避免过多的无用告警对处理问题造成干扰,只允许缺省打开的模块可以发送告警至工作站 NMS1,并对数据进行认证和加密。此外为了使路由器出现故障时,能快速联系上该设备管理员,以便对故障进行快速定位和排除,故要求在路由器上配置设备管理员的联系方法。

二、SNMP 基本配置

1. 启用 SNMP 代理功能

```
[Huawei] snmp - agent        # 一般设备上的 SNMP 代理功能默认是不启用的。
```

2. 配置 SNMP 的版本

```
[Huawei] snmp - agent sys - info version [v1 | v2c | v3]
```

> **注意:**用户可以根据自己的需求配置对应的 SNMP 版本,但设备侧使用的协议版本必须与网管侧一致。

3. 创建或者更新 MIB 视图的信息

```
[Huawei] snmp - agent mib - view view - name { exclude | include } subtree - name
[mask mask]
```

4. 增加一个新的 SNMP 组,将该组用户映射到 SNMP 视图

```
[Huawei] snmp - agent group v3 group - name { authentication | noauth | privacy }
[ read - view view - name | write - view view - name | notify - view view - name ]
```

该命令用于 SNMPv3 版本中创建 SNMP 组,指定认证加密方式、只读视图、读写视图、通知视图,是安全性需求较高的网管网络中的必需指令。

5. 为一个 SNMP 组添加一个新用户

```
[Huawei] snmp - agent usm - user v3 user - name group group - name
```

6. 配置 SNMPv3 用户认证密码

```
[Huawei] snmp - agent usm - user v3 user - name authentication - mode { md5 | sha |
sha2 - 256 }
```

7. 配置 SNMPv3 用户加密密码

```
[Huawei] snmp - agent usm - user v3 user - name privacy - mode { aes128 | des56 }
```

8. 配置设备发送 Trap 报文的参数信息

```
[Huawei] snmp - agent target - host trap - paramsname paramsname v3 securityname
securityname { authentication | noauthnopriv | privacy }
```

9. 配置 Trap 报文的目的主机

```
[Huawei] snmp - agent target - host trap - hostname hostname address ipv4 - address
trap - paramsname paramsname [ notify - filter - profile profile - name ]
```

10. 打开设备的所有告警开关

```
[Huawei] snmp - agent trap enable
```

> **注意：**该命令只是打开设备发送 Trap 告警的功能，要与 snmp - agent target - host 协同使用，由 snmp - agent target - host 指定 Trap 告警发送给哪台设备。

11. 配置发送告警的源接口

```
[Huawei] snmp - agent trap source interface - type  interface - number
```

> **注意：**Trap 告警无论从哪个接口发出都必须有一个发送的源地址，因此源接口必须是已经配置了 IP 地址的接口。

三、任务实施

第一步　配置路由器 R1 接口的 IP 地址，配置命令如下：

```
<Huawei> system - view
[Huawei]sysname R1
[R1]interface GigabitEthernet0/0/0
[R1 - GigabitEthernet0/0/0]ip address 1.1.1.1 24
[R1 - GigabitEthernet0/0/0]undo shutdown
[R1 - GigabitEthernet0/0/0]quit
```

第二步　主机 NMS1 接口 IP 地址配置如图 6 - 35 所示。

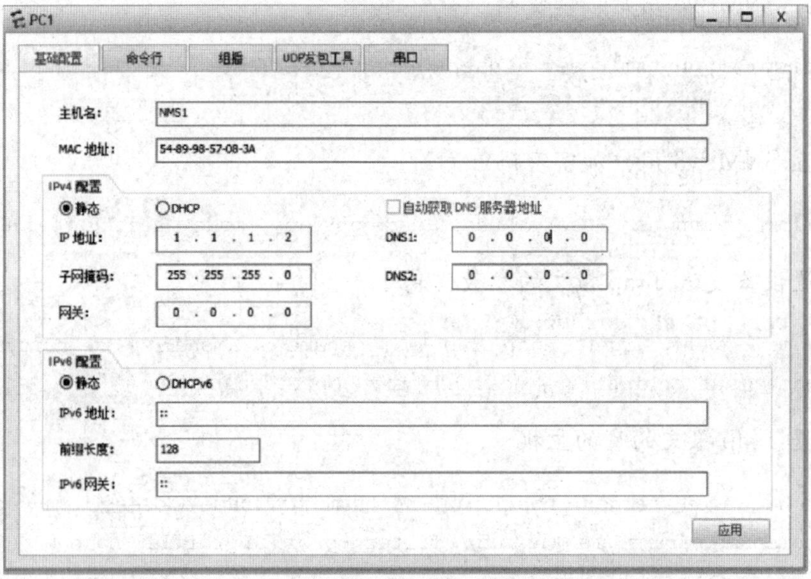

图 6‑35　配置 IP 地址

第三步　测试 R1 和 NMS1 之间的连通性

```
[R1]ping 1.1.1.2
   PING 1.1.1.2 : 56 data bytes, press CTRL_C to break
     Reply from 1.1.1.2: bytes= 56 Sequence= 1 ttl= 255 time= 70 ms
     Reply from 1.1.1.2: bytes= 56 Sequence= 2 ttl= 255 time= 50 ms
     Reply from 1.1.1.2: bytes= 56 Sequence= 3 ttl= 255 time= 20 ms
     Reply from 1.1.1.2: bytes= 56 Sequence= 4 ttl= 255 time= 50 ms
     Reply from 1.1.1.2: bytes= 56 Sequence= 5 ttl= 255 time= 30 ms
```

四、在 R1 配置到 SNMP 协议

第一步　启用 SNMP 代理功能,配置命令如下:

```
[R1] snmp - agent
```

第二步　配置路由器 R1 的 SNMP 版本为 SNMPv3,启用 SNMP 代理功能,配置命令如下:

```
[R1]snmp - agent sys - info version v3
```

第三步　配置用户和组,对用户进行认证和数据加密,配置命令如下:

```
   [R1]snmp - agent group v3 test privacy
   [R1]snmp - agent usm - user v3 user1 test acl 2001
   [R1] snmp - agent usm - user v3 user1 test authentication - mode md5 Test@ 1234
privacy - mode aes128 Test@ 1234
```

配置 SNMPv3 组名为 test,加密认证方式为 privacy,创建 SNMPv3 用户名为 user1,同

时配置认证和加密密码为 Test@1234。

第四步　配置告警功能,配置命令如下:

```
[R1] snmp -agent target -host trap -paramsname param v3 securityname sec privacy
[R1] snmp - agent target - host trap - hostname NMS1 address 1.1.1.2 trap -
paramsname param
[R1]snmp -agent trap source GigabitEthernet 0/0/0
[R1]snmp -agent trap enable
```

创建名为 param 的 Trap 参数信息,securityname 为 sec,设置 SNMP 告警主机地址为
1.1.1.2,打开告警开关,设置发送告警的源接口为 GE0/0/0。

第五步　配置设备管理员联系方式,配置命令如下:

```
[R1]snmp -agent sys -info contact "Li hong,tel:13799800909"  # 设置管理员的姓名和电
话号码。
```

五、验证配置结果

(1) 查看版本信息。

```
[R1]display snmp -agent sys -info version
SNMP version running in the system:
SNMPv3
```

(2) 查看路由器 R1 的用户组组信息。

```
[R1]display snmp -agent group
    Group name: test
    Security model: v3 AuthPriv
    Readview: ViewDefault
    Writeview: <no specified>
    Notifyview: <no specified>
    Storage type: nonVolatile
```

(3) 查看路由器 R1 的用户组信息,配置命令如下:

```
[R1]display snmp -agent usm -user
    User name: user1
    Engine ID: 800007DB03000000000000
    Group name: test
    Authentication mode: md5, Privacy mode: aes128
    Storage type: nonVolatile
    User status: active
```

(4) 查看告警目标主机,配置命令如下:

```
[R1]display snmp - agent target - host
    Traphost list:
    Target host name: NMS1
    Traphost address: 1.1.1.2
    Traphost portnumber: 162
    Target host parameter: param
    Parameter list trap target host:
    Parameter name of the target host: param
    Message mode of the target host: SNMPV3
    Trap version of the target host: v3
    Security name of the target host: sec
    Security level of the target host: privacy
```

（5）查看设备管理员联系方式，配置命令如下：

```
[R1]display snmp - agent sys - info contact
    The contact person for this managed node:
    " Li hong, TEL 13799800909 "
```

 **课后习题**

一、选择题（单选题）

1. 发现个人电脑感染病毒，断开网络的目的是（ 　　）。

　　A. 影响上网速度

　　B. 防止数据被泄露导致电脑被破坏

　　C. 控制病毒向外传播

　　D. 防止计算机被病毒进一步感染

2. 发现计算机感染病毒后，以下哪个是不可取的（ 　　）。

　　A. 格式化系统

　　B. 使用杀毒软件检测、清除

　　C. 断开网络

　　D. 如果病毒不可被清除，将病毒上报国家计算机病毒应急处理中心

3. 我们常常在网上下载文件、软件等，为了确保系统的安全性，以下哪个措施最正确？

　　（ 　　）。

　　A. 直接打开或使用程序

　　B. 习惯于下载完成自动安装

　　C. 下载之后先做操作系统备份，如有异常恢复系统

　　D. 先查杀病毒，再使用

4. 23 岁的小萌在某所高校读书，即将大四毕业，但她找不到合适的工作。一位同学告

诉他,只要先申请银行卡和电话卡,然后再申请营业执照和公司账户,每办一套卖给别人转账就可以得到 3 000 元奖励金,如果协助处理后续解冻等事宜,酬劳翻倍。小萌觉得找到了一份好工作。请问小萌的做法可能会引发什么后果?（　　）

A. 成为白富美,走上人生巅峰

B. 成为就业先锋并在毕业时发言

C. 成为囚犯,在狱中度过人生最美好的时光

D. 无事发生,小萌一直忙于工作

5. 王同学一直想要找一份兼职工作,积累社会经验,扩大个人收入来源,他不可以干的事是（　　）。

A. 在学校勤工俭学 　　　　　　　　B. 选择一家门店打零工

C. 网上找兼职刷荣誉 　　　　　　　D. 做家教服务

6. 网络安全设计是网络规划与设计中的重点环节,以下关于网络安全设计原则的说法,错误的是（　　）。

A. 网络安全应以不能影响系统的正常运行和合法用户的操作活动为前提

B. 强调安全防护、监测和应急恢复。要求在网络发生被攻击的情况下,必须尽可能快地恢复网络信息中心的服务,减少损失

C. 考虑安全问题解决方案时无须考虑性能价格的平衡,强调安全与保密系统的设计应与网络设计相结合

D. 充分、全面、完整地对系统的安全漏洞和安全威胁进行分析、评估和检测,是设计网络安全系统的必要前提条件

7. 对攻击可能性的分析在很大程度上带有（　　）。

A. 客观性 　　　B. 主观性 　　　C. 盲目性 　　　D. 以上 3 项

8. 网络安全的基础属性是（　　）。

A. 机密性 　　　B. 可用性 　　　C. 完整性 　　　D. 以上 3 项都是

9. 密码学的目的是（　　）。

A. 研究数据加密 　　B. 研究数据解密 　　C. 研究数据保密 　　D. 研究信息安全

10. 计算机开机自检通过,但无法进入系统,在启动画面处停止。这一故障现象的原因是（　　）。

A. 内存故障 　　　　　　　　　　　B. 显卡故障

C. 操作系统故障 　　　　　　　　　D. 电源故障

二、简答题

1. 简述常见的网络安全攻击手段。

2. 如果电脑出现了网络故障可以使用什么手段进行检查?

3. 常见的计算机病毒有什么?

4. 简述如何保护个人信息安全。

5. 防火墙的分类有哪些? 分别有哪些代表?

参考文献

[1] 周舸.计算机网络技术基础(微课版)(第 6 版)[M].北京:人民邮电出版社,2024.

[2] 杨云,胡海波.计算机网络技术基础(微课版)[M].北京:人民邮电出版社,2021.

[3] 张运嵩,蒋建峰.无线局域网技术与应用项目教程(微课版)[M].北京:人民邮电出版社,2022.

[4] 谢希仁.计算机网络(第 8 版)[M].北京:电子工业出版社,2021.

[5] 郑阳平.计算机网络基础与应用(实验指南)[M].北京:电子工业出版社,2020.

[6] 朱守业.计算机网络技术[M].北京:电子工业出版社,2023.

[7] 张少芳.计算机网络(华为配置版)[M].北京:电子工业出版社,2020.

[8] 高静,胡江伟.计算机网络基础(微课版)[M].北京:清华大学出版社,2021.

[9] 肖朝晖,罗娅.计算机网络基础[M].北京:清华大学出版社,2011.

[10] 吴辰文,李晶.计算机网络基础教程(第 3 版·微课视频版)[M].北京:清华大学出版社,2022.

[11] 薛涛.计算机网络基础[M].北京:电子工业出版社,2015.